Formulation and Design Data for Civil Engineering

Tan Kar Chun • Tang Tsuzanne

ISBN 9798638365400

Copyright © 2020 **Tan Kar Chun & Tang Tsuzanne**

All rights reserved. No part of this book may be reproduced or transmitted in any form whatsoever, electronic, or mechanical, including photocopying, recording, or by any informational storage or retrieval system without the expressed written, dated and signed permission from the authors.

Although care has been taken by the authors to ensure the data and information in this book are accurate at the time of publication, the authors assume no responsibility for any errors in or misinterpretations of such data and/or information or any loss damage arising from or related to their use.

Preface

During infrastructure planning stage, numerous cycles of design work need to be done to obtain the optimum product in terms of costs and design. Plenty of time and energy will be spent in repetitive design and calculation works before the best product is produced.

By having this book, designers can save the hassle to design repetitively, simply by referring to the tables to obtain the sizes required. In the other hand, ordinary step by step design can easily take hours to achieve the same result.

During construction, on site decision might be needed, notably the acceptance of size changing and inverts etc. Ordinary method of re-calculation and re-computation might cause delay. By having this book, users can clearly recognize the capacity of each sizes at a glance, and hence decision can be made on the spot.

This book provides tabulated design data for conveyance elements i.e. pipe in sanitary sewer, water supply and storm sewer system. It is tailored to eliminate the hassle from repetitive and time-consuming works at design stage. All design data are organized in comprehensive table form, and the engineer can determine the size of element to be used in no time.

With this book, modelling is not required, and design can be done within seconds!

Tan Kar Chun
Tang Tsuzanne

Contents

List of Tables 5
1.0   Unit Conversion and Prefix...8
2.0   Sanitary Sewer System 13
  2.1 Explanatory Notes...14
  2.2 Design Data for Sanitary Sewer System 16
3.0   Water Supply System..67
  3.1 Explanatory Notes...68
  3.2 Design Data for Water Supply System 69
4.0   Storm Sewer System 106
  4.1 Explanatory Notes...107
  4.2 Design Data for Storm Sewer System...108
Notes 133

List of Tables

Table 1-1 Unit conversion for length 8
Table 1-2 Unit conversion for area 8
Table 1-3 Unit conversion for volume 9
Table 1-4 Unit conversion for mass 9
Table 1-5 Unit conversion for force 9
Table 1-6 Unit conversion for pressure 10
Table 1-7 Unit conversion for density 10
Table 1-8 Unit conversion for time 10
Table 1-9 Unit conversion for speed 11
Table 1-10 Unit conversion for flow 11
Table 1-11 Unit conversion for angle 11
Table 1-12 Gradient conversion 12
Table 1-13 Metric prefix 12
Table 2-1 Capacity and velocity for gravity sanitary sewer pipes under full flow with various gradients (V:H) using Hazen-Williams equation (C=100) 17
Table 2-2 Capacity and velocity for gravity sanitary sewer pipes under full flow with various gradients (V:H) using Hazen-Williams equation (C=110) 20
Table 2-3 Capacity and velocity for gravity sanitary sewer pipes under full flow with various gradients (V:H) using Hazen-Williams equation (C=120) 23
Table 2-4 Capacity and velocity for gravity sanitary sewer pipes under full flow with various gradients (V:H) using Hazen-Williams equation (C=130) 26
Table 2-5 Capacity and velocity for gravity sanitary sewer pipes under full flow with various gradients (V:H) using Hazen-Williams equation (C=140) 29
Table 2-6 Capacity and velocity for gravity sanitary sewer pipes under full flow with various gradients (V:H) using Manning's equation (n=0.010) 32
Table 2-7 Capacity and velocity for gravity sanitary sewer pipes under full flow with various gradients (V:H) using Manning's equation (n=0.011) 35
Table 2-8 Capacity and velocity for gravity sanitary sewer pipes under full flow with various gradients (V:H) using Manning's equation (n=0.012) 38
Table 2-9 Capacity and velocity for gravity sanitary sewer pipes under full flow with various gradients (V:H) using Manning's equation (n=0.013) 41
Table 2-10 Capacity and velocity for gravity sanitary sewer pipes under full flow with various gradients (V:H) using Manning's equation (n=0.014) 44
Table 2-11 Pipe gradient (V:H) required to achieve various full flow velocity for gravity sanitary sewer pipes using Hazen-Williams equation (C=100) 47
Table 2-12 Pipe gradient (V:H) required to achieve various full flow velocity for gravity sanitary sewer pipes using Hazen-Williams equation (C=110) 49

Table 2-13 Pipe gradient (V:H) required to achieve various full flow velocity for gravity sanitary sewer pipes using Hazen-Williams equation (C=120) 51
Table 2-14 Pipe gradient (V:H) required to achieve various full flow velocity for gravity sanitary sewer pipes using Hazen-Williams equation (C=130) 53
Table 2-15 Pipe gradient (V:H) required to achieve various full flow velocity for gravity sanitary sewer pipes using Hazen-Williams equation (C=140) 55
Table 2-16 Pipe gradient (V:H) required to achieve various full flow velocity for gravity sanitary sewer pipes using Manning's equation (n=0.010) 57
Table 2-17 Pipe gradient (V:H) required to achieve various full flow velocity for gravity sanitary sewer pipes using Manning's equation (n=0.011) 59
Table 2-18 Pipe gradient (V:H) required to achieve various full flow velocity for gravity sanitary sewer pipes using Manning's equation (n=0.012) 61
Table 2-19 Pipe gradient (V:H) required to achieve various full flow velocity for gravity sanitary sewer pipes using Manning's equation (n=0.013) 63
Table 2-20 Pipe gradient (V:H) required to achieve various full flow velocity for gravity sanitary sewer pipes using Manning's equation (n=0.014) 65
Table 3-1 Maximum discharge allowed for water pipes to achieve various head loss gradient (m/1000m) using Hazen-Williams head loss equation (C=90) 70
Table 3-2 Maximum discharge allowed for water pipes to achieve various head loss gradient (m/1000m) using Hazen-Williams head loss equation (C=100) 76
Table 3-3 Maximum discharge allowed for water pipes to achieve various head loss gradient (m/1000m) using Hazen-Williams head loss equation (C=110) 82
Table 3-4 Maximum discharge allowed for water pipes to achieve various head loss gradient (m/1000m) using Hazen-Williams head loss equation (C=120) 88
Table 3-5 Maximum discharge allowed for water pipes to achieve various head loss gradient (m/1000m) using Hazen-Williams head loss equation (C=130) 94
Table 3-6 Maximum discharge allowed for water pipes to achieve various head loss gradient (m/1000m) using Hazen-Williams head loss equation (C=140) 100
Table 4-1 Catchment area and velocity for storm sewer pipes with various gradients (V:H) under full flow using Manning equation (n=0.010) and Rational method (runoff coefficient 1.0 and rainfall intensity 100mm/hr) 109
Table 4-2 Catchment area and velocity for storm sewer pipes with various gradients (V:H) under full flow using Manning equation (n=0.011) and Rational method (runoff coefficient 1.0 and rainfall intensity 100mm/hr) 113
Table 4-3 Catchment area and velocity for storm sewer pipes with various gradients (V:H) under full flow using Manning equation (n=0.012) and

Rational method (runoff coefficient 1.0 and rainfall intensity 100mm/hr) 117

Table 4-4 Catchment area and velocity for storm sewer pipes with various gradients (V:H) under full flow using Manning equation (n=0.013) and Rational method (runoff coefficient 1.0 and rainfall intensity 100mm/hr) 121

Table 4-5 Catchment area and velocity for storm sewer pipes with various gradients (V:H) under full flow using Manning equation (n=0.014) and Rational method (runoff coefficient 1.0 and rainfall intensity 100mm/hr) 125

Table 4-6 Catchment area and velocity for storm sewer pipes with various gradients (V:H) under full flow using Manning equation (n=0.015) and Rational method (runoff coefficient 1.0 and rainfall intensity 100mm/hr) 129

1.0 Unit Conversion and Prefix

Table 1-1 Unit conversion for length

Unit 1		Factor 1		Unit 2		Factor 2		Unit 1
chain	×	66	=	ft	×	0.01515	=	chain
chain	×	792	=	in	×	0.00126	=	chain
chain	×	20.1168	=	m	×	0.04971	=	chain
chain	×	0.0125	=	mi	×	80	=	chain
chain	×	0.01086	=	nm	×	92.0624	=	chain
chain	×	22	=	yd	×	0.04545	=	chain
ft	×	12	=	in	×	0.08333	=	ft
ft	×	0.3048	=	m	×	3.28084	=	ft
ft	×	0.00019	=	mi	×	5280	=	ft
ft	×	0.00016	=	nm	×	6076.12	=	ft
ft	×	0.33333	=	yd	×	3	=	ft
in	×	0.0254	=	m	×	39.3701	=	in
in	×	1.578e-5	=	mi	×	63360	=	in
in	×	1.372e-5	=	nm	×	72913.4	=	in
in	×	0.02778	=	yd	×	36	=	in
m	×	0.00062	=	mi	×	1609.34	=	m
m	×	0.00054	=	nm	×	1852	=	m
m	×	1.09361	=	yd	×	0.9144	=	m
mi	×	0.86898	=	nm	×	1.15078	=	mi
mi	×	1760	=	yd	×	0.00057	=	mi
nm	×	2025.37	=	yd	×	0.00049	=	nm

Note:
1. The above abbreviations represent the following units:
ft foot, *in* inch, *m* meter, *mi* mile, *nm* nautical mile, *yd* yard.

Table 1-2 Unit conversion for area

Unit 1		Factor 1		Unit 2		Factor 2		Unit 1
ac	×	0.04047	=	ha	×	2.47105	=	ac
ac	×	43560	=	sq. ft	×	2.296e-5	=	ac
ac	×	6.273e6	=	sq. in	×	1.594e-7	=	ac
ac	×	4046.86	=	sq. m	×	0.00025	=	ac
ac	×	0.00156	=	sq. mi	×	640	=	ac
ac	×	4840	=	sq. yd	×	0.00021	=	ac
ha	×	107639	=	sq. ft	×	9.290e-6	=	ha
ha	×	1.550e7	=	sq. in	×	6.452e-8	=	ha
ha	×	10000	=	sq. m	×	1.000e-4	=	ha
ha	×	0.00386	=	sq. mi	×	258.999	=	ha
ha	×	11959.9	=	sq. yd	×	8.361e-5	=	ha
sq. ft	×	144	=	sq. in	×	0.00694	=	sq. ft
sq. ft	×	0.09290	=	sq. m	×	10.7639	=	sq. ft
sq. ft	×	3.587e-8	=	sq. mi	×	2.788e7	=	sq. ft
sq. ft	×	0.11111	=	sq. yd	×	9	=	sq. ft
sq. in	×	0.00065	=	sq. m	×	1550	=	sq. in
sq. in	×	2.49e-10	=	sq. mi	×	4.014e9	=	sq. in
sq. in	×	0.00077	=	sq. yd	×	1296	=	sq. in
sq. m	×	3.861e-7	=	sq. mi	×	2.590e6	=	sq. m
sq. m	×	1.19599	=	sq. yd	×	0.83613	=	sq. m
sq. mi	×	3.098e6	=	sq. yd	×	3.228e-7	=	sq. mi

Note:
1. The above abbreviations represent the following units:
ac acre, *ha* hectare, *sq. ft* square foot, *sq. in* square inch, *sq. m* square meter, *sq. mi* square mile, *sq. yd* square yard.

Table 1-3 Unit conversion for volume

Unit 1		Factor 1		Unit 2		Factor 2		Unit 1
cu. ft	×	1728	=	cu. in	×	0.00058	=	cu. ft
cu. ft	×	0.02832	=	cu. m	×	35.3147	=	cu. ft
cu. ft	×	6.22884	=	imp gal	×	0.16054	=	cu. ft
cu. ft	×	28.3168	=	l	×	0.03531	=	cu. ft
cu. in	×	1.639e-5	=	cu. m	×	61023.7	=	cu. in
cu. in	×	0.0036	=	imp gal	×	227.419	=	cu. in
cu. in	×	0.01639	=	l	×	61.0237	=	cu. in
cu. m	×	219.969	=	imp gal	×	0.00455	=	cu. m
cu. m	×	1000	=	l	×	0.001	=	cu. m
imp gal	×	4.54609	=	l	×	0.21997	=	imp gal

Note:
1. The above abbreviations represent the following units:
cu. ft cubic foot, *cu. in* cubic inch, *cu. m* cubic meter, *imp gal* imperial gallon, *l* litre.

Table 1-4 Unit conversion for mass

Unit 1		Factor 1		Unit 2		Factor 2		Unit 1
g	×	9.482e-7	=	l. tn	×	1.016e6	=	g
g	×	0.03527	=	oz	×	28.3495	=	g
g	×	0.00220	=	lb	×	453.592	=	g
g	×	0.00016	=	st	×	6350.29	=	g
g	×	1.000e-6	=	T	×	1.000e6	=	g
l.tn	×	35840	=	oz	×	2.790e-5	=	l.tn
l.tn	×	2240	=	lb	×	0.00045	=	l.tn
l.tn	×	160	=	st	×	0.00625	=	l.tn
l.tn	×	1.01605	=	T	×	0.98421	=	l.tn
oz	×	0.0625	=	lb	×	16	=	oz
oz	×	0.00446	=	st	×	224	=	oz
oz	×	2.835e-5	=	T	×	35274	=	oz
lb	×	0.07143	=	st	×	14	=	lb
lb	×	0.00045	=	T	×	2204.62	=	lb
st	×	0.00635	=	T	×	157.473	=	st

Note:
1. The above abbreviations represent the following units:
g gram, *l. tn* imperial ton (long ton), *oz* ounce, *lb* pound, *st* stone, *T* tonne.

Table 1-5 Unit conversion for force

Unit 1		Factor 1		Unit 2		Factor 2		Unit 1
gf	×	0.00981	=	N	×	101.972	=	gf
gf	×	0.03527	=	ozf	×	28.3495	=	gf
gf	×	0.0022	=	lbf	×	453.592	=	gf
gf	×	1.000e-6	=	Tf	×	1.000e6	=	gf
N	×	3.29694	=	ozf	×	0.27801	=	N
N	×	0.22481	=	lbf	×	4.44822	=	N
N	×	0.0001	=	Tf	×	9806.65	=	N
ozf	×	0.0625	=	lbf	×	16	=	ozf
ozf	×	2.835e-5	=	Tf	×	35274	=	ozf
lbf	×	0.00045	=	Tf	×	2204.62	=	lbf

Note:
1. The above abbreviations represent the following units:
gf gram-force, *N* Newton, *ozf* ounce-force, *lbf* pound-force, *Tf* tonne-force.

10 | Formulation and Design Data for Civil Engineering

Table 1-6 Unit conversion for pressure

Unit 1		Factor 1		Unit 2		Factor 2		Unit 1
atm	×	1.01325	=	bar	×	0.98692	=	atm
atm	×	760.002	=	mmHg	×	0.00132	=	atm
atm	×	101325	=	Pa	×	9.869e-6	=	atm
atm	×	14.6959	=	psi	×	0.06805	=	atm
atm	×	0.94474	=	tf/ft²	×	1.05849	=	atm
bar	×	750.064	=	mmHg	×	0.00133	=	bar
bar	×	100000	=	Pa	×	1.000e-5	=	bar
bar	×	14.5038	=	psi	×	0.06895	=	bar
bar	×	0.93239	=	tf/ft²	×	1.07252	=	bar
mmHg	×	133.322	=	Pa	×	0.0075	=	mmHg
mmHg	×	0.01934	=	psi	×	51.7151	=	mmHg
mmHg	×	0.00124	=	tf/ft²	×	804.457	=	mmHg
Pa	×	0.00015	=	psi	×	6894.76	=	Pa
Pa	×	9.324e-6	=	tf/ft²	×	107252	=	Pa
psi	×	0.06429	=	tf/ft²	×	15.5556	=	psi

Note:
1. The above abbreviations represent the following units:
atm atmosphere, *mmHg* millimeter of mercury at 0°C, *Pa* Pascal, *psi* pound per square inch, *tf/ft²* imperial ton-force (long ton-force) per square foot

Table 1-7 Unit conversion for density

Unit 1		Factor 1		Unit 2		Factor 2		Unit 1
kg/l	×	1000	=	kg/m³	×	0.001	=	kg/l
kg/l	×	62.428	=	lb/ft³	×	0.01602	=	kg/l
kg/l	×	10.0224	=	lb/imp gal	×	0.09978	=	kg/l
kg/l	×	0.03613	=	lb/in³	×	27.6799	=	kg/l
kg/m³	×	0.06243	=	lb/ft³	×	16.0185	=	kg/m³
kg/m³	×	0.01002	=	lb/imp gal	×	99.7764	=	kg/m³
kg/m³	×	3.613e-5	=	lb/in³	×	27679.9	=	kg/m³
lb/ft³	×	0.16054	=	lb/imp gal	×	6.22884	=	lb/ft³
lb/ft³	×	0.00058	=	lb/in³	×	1728	=	lb/ft³
lb/imp gal	×	0.0036	=	lb/in³	×	277.419	=	lb/imp gal

Note:
1. The above abbreviations represent the following units:
kg/l kilogram per litre, *kg/m³* kilogram per cubic meter, *lb/ft³* pound per cubic foot, *lb/imp gal* pound per imperial gallon, *lb/in³* pound per cubic inch.

Table 1-8 Unit conversion for time

Unit 1		Factor 1		Unit 2		Factor 2		Unit 1
day	×	24	=	hr	×	0.04167	=	day
day	×	1440	=	min	×	0.00069	=	day
day	×	86400	=	sec	×	1.157e-5	=	day
hr	×	60	=	min	×	0.01667	=	hr
hr	×	3600	=	sec	×	0.00028	=	hr
min	×	60	=	sec	×	0.01667	=	min

Note:
1. The above abbreviations represent the following units:
hr hour, *min* minute, *sec* second

Unit Conversion and Prefix | 11

Table 1-9 Unit conversion for speed

Unit 1		Factor 1		Unit 2		Factor 2		Unit 1
ft/s	×	1.09728	=	km/h	×	0.91134	=	ft/s
ft/s	×	0.59248	=	knot	×	1.68781	=	ft/s
ft/s	×	0.3048	=	m/s	×	3.28084	=	ft/s
ft/s	×	0.68182	=	mph	×	1.46667	=	ft/s
km/h	×	0.53996	=	knot	×	1.852	=	km/h
km/h	×	0.27778	=	m/s	×	3.6	=	km/h
km/h	×	0.62137	=	mph	×	1.60934	=	km/h
knot	×	0.51444	=	m/s	×	1.94381	=	knot
knot	×	1.15078	=	mph	×	0.86898	=	knot
m/s	×	2.23694	=	mph	×	0.44704	=	m/s

Note:
1. The above abbreviations represent the following units:
ft/s foot per second, *km/h* kilometer per hour, *m/s* meter per second, *mph* mile per hour.

Table 1-10 Unit conversion for flow

Unit 1		Factor 1		Unit 2		Factor 2		Unit 1
m³/d	×	1.157e-5	=	m³/s	×	86400	=	m³/d
m³/d	×	219.969	=	imp gpd	×	0.00455	=	m³/d
m³/d	×	0.00255	=	imp gal/s	×	392.782	=	m³/d
m³/d	×	1000	=	lpd	×	0.001	=	m³/d
m³/d	×	0.01157	=	l/s	×	86.4	=	m³/d
m³/s	×	1.900e7	=	imp gpd	×	5.262e-8	=	m³/s
m³/s	×	219.969	=	imp gal/s	×	0.00455	=	m³/s
m³/s	×	8.640e7	=	lpd	×	1.157e-8	=	m³/s
m³/s	×	1000	=	l/s	×	0.001	=	m³/s
imp gpd	×	1.157e-5	=	imp gal/s	×	86400	=	imp gpd
imp gpd	×	4.54609	=	lpd	×	0.21997	=	imp gpd
imp gpd	×	5.262e-5	=	l/s	×	19005.3	=	imp gpd
imp gal/s	×	3.928e5	=	lpd	×	2.546e-6	=	imp gal/s
imp gal/s	×	4.54609	=	l/s	×	0.21997	=	imp gal/s
lpd	×	1.157e-5	=	l/s	×	86400	=	lpd

Note:
1. The above abbreviations represent the following units:
m³/d cubic meter per day, *m³/s* cubic meter per second, *imp gpd* imperial gallon per day, *imp gal/s* imperial gallon per second, *lpd* litre per day, *l/s* litre per second.

Table 1-11 Unit conversion for angle

Unit 1		Factor 1		Unit 2		Factor 2		Unit 1
deg	×	1.11111	=	gon	×	0.9	=	deg
deg	×	60	=	arcmin	×	0.01666	=	deg
deg	×	0.01745	=	rad	×	57.2958	=	deg
deg	×	3600	=	arcsec	×	0.00028	=	deg
gon	×	54	=	arcmin	×	0.01852	=	gon
gon	×	0.01571	=	rad	×	63.662	=	gon
gon	×	3240	=	arcsec	×	0.00031	=	gon
arcmin	×	0.00029	=	rad	×	3437.75	=	arcmin
arcmin	×	60	=	arcsec	×	0.01666	=	arcmin
rad	×	206265	=	arcsec	×	4.848e-6	=	rad

Note:
1. The above abbreviations represent the following units:
deg degree, *gon* gradian, *arcmin* minute of arc, *arcsec* second of arc.

Table 1-12 Gradient conversion

Rise: run	Percent (%)	Degree
1:1	100.00	45.00
1:1.5	66.67	33.69
1:2	50.00	26.57
1:4	25.00	14.04
1:6	16.67	9.46
1:8	12.50	7.13
1:10	10.00	5.71
1:12	8.33	4.76
1:15	6.67	3.81
1:20	5.00	2.86
1:25	4.00	2.29
1:30	3.33	1.91
1:35	2.86	1.64
1:40	2.50	1.43
1:45	2.22	1.27
1:50	2.00	1.15
1:75	1.33	0.76
1:100	1.00	0.57
1:150	0.67	0.38
1:200	0.50	0.29
1:250	0.40	0.23
1:300	0.33	0.19
1:350	0.29	0.16
1:400	0.25	0.14
1:450	0.22	0.13
1:500	0.20	0.11
1:750	0.13	0.08
1:1000	0.10	0.06

Note:
1. Interpolation or extrapolation is only possible for intermediate values in rise: run or percent.

Table 1-13 Metric prefix

Prefix	Symbol	Multiplier	Power
Exa	E	1,000,000,000,000,000,000	10^{18}
Peta	P	1,000,000,000,000,000	10^{15}
Tera	T	1,000,000,000,000	10^{12}
Giga	G	1,000,000,000	10^{9}
Mega	M	1,000,000	10^{6}
Kilo	k	1,000	10^{3}
Hecto	h	100	10^{2}
Deca	da	10	10^{1}
Deci	d	0.1	10^{-1}
Centi	c	0.01	10^{-2}
Milli	m	0.001	10^{-3}
Micro	μ	0.000 001	10^{-6}
Nano	n	0.000 000 001	10^{-9}
Pico	p	0.000 000 000 001	10^{-12}
Femto	f	0.000 000 000 000 001	10^{-15}
Atto	a	0.000 000 000 000 000 001	10^{-18}

2.0 Sanitary Sewer System

Potable water turns to unusable water after it is used for cleaning purpose such as bathing, dish washing and toilet flushing instead of being consumed. Along with wastes such as faeces, oil and grease, the mixture is known as sewage.

Sewage treatment plant treats the sewage and release the treated water to natural waterway. Prior to treatment, the sewage needs to be collected and conveyed to the plant from various places such as housing area and shopping complex. This cannot be done without proper sanitary sewer network.

Such network mainly consists of gravity sewer pipes and manholes. Lifting station and force main will ensure sewage has enough energy head to flow through the entire network, and subsequently minimize the depth of sewer pipes and manholes required.

This chapter provides tables for civil engineer to determine the discharge capacity of various general sewer pipes in the industry.

14 | Formulation and Design Data for Civil Engineering

2.1 Explanatory Notes

Table 2-1 to **Table 2-10** provide full flow capacity and velocity for gravity sanitary sewer pipe. Hazen-William equation (Eq. 2-1) and Eq. 2-3 are used for **Table 2-1** to **Table 2-5**. Manning equation (Eq. 2-2) and Eq. 2-3 are used for **Table 2-6** to **Table 2-10**.

$$V = 0.849 C R^{0.63} S^{0.54}$$

Eq. 2-1

$$V = \frac{1}{n} R^{\frac{2}{3}} S^{\frac{1}{2}}$$

Eq. 2-2

$$Q = VA$$

Eq. 2-3

where:
V is full flow velocity through pipe (m/s)
C is Hazen-Williams coefficient
R is hydraulic radius (m)
S is gradient in rise per run or V:H (m/m)
n is Manning's roughness
D is internal diameter (m)
Q is full flow discharge (m³/s)
A is cross-sectional area of pipe (m²)

Procedure to use **Table 2-1, Table 2-2, Table 2-3, Table 2-4, Table 2-5, Table 2-6, Table 2-7, Table 2-8, Table 2-9** and **Table 2-10**
1. Determine the **pipe diameter** to be used.
2. Determine the **calculation method**.
3. Determine the **discharge** to be catered by the sanitary sewer.
4. Refer to table for the gradient and corresponding pipe capacity and velocity.

Example A:
Determine the sewer pipe gradient based on discharge to be catered
1. Pipe diameter = 600mm dia.
2. Calculation method = Manning equation with n=0.010
3. Discharge = 30,000 m³/day
4. Gradient = 1:500 (from table)
    Sanitary sewer pipe capacity = 30,842m³/day (from table)
    Velocity = 1.26m/s (from table)

Sanitary Sewer System | 15

Table 2-11 to **Table 2-20** provide gradient of sanitary sewer pipe required to achieve specific full flow velocity. Eq. 2-1 is used for **Table 2-11** to **Table 2-15**, and Eq. 2-2 is used for **Table 2-16** to **Table 2-20**.

Procedure to use **Table 2-11, Table 2-12, Table 2-13, Table 2-14, Table 2-15, Table 2-16, Table 2-17, Table 2-18, Table 2-19** and **Table 2-20**
1. Determine the **pipe diameter** to be used.
2. Determine the **calculation method**.
3. Determine the **velocity** desired.
4. Refer to table for the gradient required.

Example A:
Determine the sanitary sewer pipe gradient to achieve specific full flow velocity
1. Pipe diameter = 600mm dia.
2. Calculation method = Hazen-Williams equation with C=100
3. Full flow velocity desired = 1.0m/s
4. Gradient = 1:408 (from table)

2.2 Design Data for Sanitary Sewer System

Sanitary Sewer System | 17

Table 2-1 Capacity and velocity for gravity sanitary sewer pipes under full flow with various gradients (V:H) using Hazen-Williams equation (C=100)

$\varnothing_{in}$ (mm)	225		300		375		450	
Unit	m³/day	m/s	m³/day	m/s	m³/day	m/s	m³/day	m/s
1:15	11,025	3.21	23,494	3.85	-	-	-	-
1:20	9,438	2.75	20,113	3.29	36,171	3.79	-	-
1:30	7,582	2.21	16,158	2.65	29,058	3.05	46,937	3.42
1:40	6,491	1.89	13,833	2.27	24,877	2.61	40,184	2.92
1:50	5,755	1.68	12,263	2.01	22,053	2.31	35,622	2.59
1:60	5,215	1.52	11,113	1.82	19,985	2.09	32,282	2.35
1:70	4,798	1.40	10,226	1.67	18,389	1.93	29,704	2.16
1:80	4,465	1.30	9,514	1.56	17,110	1.79	27,637	2.01
1:90	4,190	1.22	8,928	1.46	16,056	1.68	25,934	1.89
1:100	3,958	1.15	8,434	1.38	15,168	1.59	24,500	1.78
1:125	3,509	1.02	7,477	1.22	13,446	1.41	21,719	1.58
1:150	3,180	0.93	6,776	1.11	12,185	1.28	19,682	1.43
1:175	2,926	0.85	6,235	1.02	11,212	1.17	18,110	1.32
1:200	2,722	0.79	5,801	0.95	10,432	1.09	16,850	1.23
1:250	2,413	0.70	5,142	0.84	9,248	0.97	14,937	1.09
1:300	2,187	0.64	4,660	0.76	8,381	0.88	13,537	0.99
1:350	-	-	4,288	0.70	7,711	0.81	12,456	0.91
1:400	-	-	3,990	0.65	7,175	0.75	11,589	0.84
1:450	-	-	3,744	0.61	6,733	0.71	10,875	0.79
1:500	-	-	-	-	6,360	0.67	10,274	0.75
1:550	-	-	-	-	6,041	0.63	9,758	0.71
1:600	-	-	-	-	5,764	0.60	9,310	0.68
1:650	-	-	-	-	-	-	8,916	0.65
1:700	-	-	-	-	-	-	8,567	0.62
1:750	-	-	-	-	-	-	8,253	0.60
1:800	-	-	-	-	-	-	-	-
1:850	-	-	-	-	-	-	-	-
1:900	-	-	-	-	-	-	-	-
1:950	-	-	-	-	-	-	-	-
1:1000	-	-	-	-	-	-	-	-

(Continued)
Legend:
$\varnothing_{in}$ is the internal diameter of gravity sewer pipe
Note:
1. Pipe capacity data associated with velocity below 0.6m/s and above 4.0m/s are not shown.

18 | Formulation and Design Data for Civil Engineering

Table 2-1 (Continued)

$\varnothing_{in}$ (mm)	525		600		675		750	
Unit	m³/day	m/s	m³/day	m/s	m³/day	m/s	m³/day	m/s
1:15	-	-	-	-	-	-	-	-
1:20	-	-	-	-	-	-	-	-
1:30	70,402	3.76	-	-	-	-	-	-
1:40	60,273	3.22	85,633	3.51	116,727	3.78	-	-
1:50	53,430	2.86	75,911	3.11	103,476	3.35	136,515	3.58
1:60	48,421	2.59	68,794	2.82	93,774	3.03	123,715	3.24
1:70	44,553	2.38	63,299	2.59	86,284	2.79	113,834	2.98
1:80	41,454	2.22	58,896	2.41	80,281	2.60	105,915	2.77
1:90	38,899	2.08	55,266	2.26	75,334	2.44	99,388	2.60
1:100	36,748	1.96	52,210	2.14	71,168	2.30	93,891	2.46
1:125	32,576	1.74	46,283	1.89	63,089	2.04	83,233	2.18
1:150	29,522	1.58	41,943	1.72	57,173	1.85	75,428	1.98
1:175	27,164	1.45	38,593	1.58	52,607	1.70	69,404	1.82
1:200	25,274	1.35	35,908	1.47	48,947	1.58	64,576	1.69
1:250	22,405	1.20	31,832	1.30	43,391	1.40	57,245	1.50
1:300	20,304	1.09	28,847	1.18	39,322	1.27	51,878	1.36
1:350	18,683	1.00	26,543	1.09	36,181	1.17	47,734	1.25
1:400	17,383	0.93	24,697	1.01	33,664	1.09	44,413	1.16
1:450	16,312	0.87	23,175	0.95	31,590	1.02	41,676	1.09
1:500	15,410	0.82	21,893	0.90	29,843	0.97	39,371	1.03
1:550	14,636	0.78	20,795	0.85	28,346	0.92	37,396	0.98
1:600	13,965	0.75	19,840	0.81	27,045	0.87	35,680	0.93
1:650	13,374	0.72	19,001	0.78	25,901	0.84	34,171	0.90
1:700	12,849	0.69	18,256	0.75	24,885	0.80	32,830	0.86
1:750	12,379	0.66	17,588	0.72	23,974	0.78	31,629	0.83
1:800	11,955	0.64	16,986	0.70	23,153	0.75	30,546	0.80
1:850	11,570	0.62	16,439	0.67	22,408	0.72	29,562	0.77
1:900	-	-	15,939	0.65	21,727	0.70	28,664	0.75
1:950	-	-	15,480	0.63	21,101	0.68	27,839	0.73
1:1000	-	-	15,057	0.62	20,525	0.66	27,079	0.71

(Continued)

Legend:
$\varnothing_{in}$ is the internal diameter of gravity sewer pipe

Note:
1. Pipe capacity data associated with velocity below 0.6m/s and above 4.0m/s are not shown.
2. This table uses Hazen-Williams coefficient, C=100.

Table 2-1 (Continued)

$\varnothing_{in}$ (mm)	825		900		1050		1200	
Unit	m³/day	m/s	m³/day	m/s	m³/day	m/s	m³/day	m/s
1:15	-	-	-	-	-	-	-	-
1:20	-	-	-	-	-	-	-	-
1:30	-	-	-	-	-	-	-	-
1:40	-	-	-	-	-	-	-	-
1:50	175,406	3.80	-	-	-	-	-	-
1:60	158,959	3.44	199,834	3.64	-	-	-	-
1:70	146,263	3.17	183,873	3.35	275,796	3.69	-	-
1:80	136,088	2.95	171,081	3.11	256,610	3.43	364,579	3.73
1:90	127,702	2.76	160,539	2.92	240,797	3.22	342,113	3.50
1:100	120,639	2.61	151,660	2.76	227,479	3.04	323,192	3.31
1:125	106,944	2.32	134,444	2.45	201,655	2.70	286,503	2.93
1:150	96,917	2.10	121,838	2.22	182,748	2.44	259,640	2.66
1:175	89,176	1.93	112,106	2.04	168,152	2.25	238,902	2.44
1:200	82,972	1.80	104,307	1.90	156,453	2.09	222,282	2.27
1:250	73,553	1.59	92,466	1.68	138,693	1.85	197,048	2.02
1:300	66,656	1.44	83,796	1.52	125,689	1.68	178,573	1.83
1:350	61,332	1.33	77,104	1.40	115,650	1.55	164,310	1.68
1:400	57,066	1.24	71,740	1.31	107,604	1.44	152,879	1.56
1:450	53,549	1.16	67,319	1.22	100,973	1.35	143,458	1.47
1:500	50,588	1.10	63,596	1.16	95,389	1.28	135,524	1.39
1:550	48,050	1.04	60,405	1.10	90,604	1.21	128,725	1.32
1:600	45,844	0.99	57,633	1.05	86,445	1.16	122,817	1.26
1:650	43,905	0.95	55,195	1.00	82,788	1.11	117,622	1.20
1:700	42,183	0.91	53,030	0.96	79,541	1.06	113,007	1.16
1:750	40,640	0.88	51,090	0.93	76,632	1.02	108,875	1.11
1:800	39,248	0.85	49,340	0.90	74,007	0.99	105,146	1.08
1:850	37,984	0.82	47,751	0.87	71,623	0.96	101,759	1.04
1:900	36,830	0.80	46,300	0.84	69,447	0.93	98,666	1.01
1:950	35,770	0.77	44,968	0.82	67,448	0.90	95,827	0.98
1:1000	34,793	0.75	43,739	0.80	65,606	0.88	93,210	0.95

Legend:
$\varnothing_{in}$ is the internal diameter of gravity sewer pipe
Note:
1. Pipe capacity data associated with velocity below 0.6m/s and above 4.0m/s are not shown.
2. This table uses Hazen-Williams coefficient, C=100.

20 | Formulation and Design Data for Civil Engineering

Table 2-2 Capacity and velocity for gravity sanitary sewer pipes under full flow with various gradients (V:H) using Hazen-Williams equation (C=110)

$Ø_{in}$ (mm)	225		300		375		450	
Unit	m³/day	m/s	m³/day	m/s	m³/day	m/s	m³/day	m/s
1:15	12,127	3.53	-	-	-	-	-	-
1:20	10,382	3.02	22,125	3.62	-	-	-	-
1:30	8,341	2.43	17,774	2.91	31,964	3.35	51,631	3.76
1:40	7,141	2.08	15,217	2.49	27,365	2.87	44,202	3.22
1:50	6,330	1.84	13,489	2.21	24,259	2.54	39,184	2.85
1:60	5,736	1.67	12,225	2.00	21,984	2.30	35,510	2.58
1:70	5,278	1.54	11,248	1.84	20,228	2.12	32,674	2.38
1:80	4,911	1.43	10,466	1.71	18,821	1.97	30,401	2.21
1:90	4,608	1.34	9,821	1.61	17,661	1.85	28,528	2.08
1:100	4,354	1.27	9,278	1.52	16,684	1.75	26,950	1.96
1:125	3,859	1.12	8,224	1.35	14,790	1.55	23,890	1.74
1:150	3,497	1.02	7,453	1.22	13,404	1.40	21,650	1.58
1:175	3,218	0.94	6,858	1.12	12,333	1.29	19,921	1.45
1:200	2,994	0.87	6,381	1.04	11,475	1.20	18,535	1.35
1:250	2,654	0.77	5,656	0.93	10,172	1.07	16,431	1.20
1:300	2,405	0.70	5,126	0.84	9,219	0.97	14,891	1.08
1:350	2,213	0.64	4,717	0.77	8,482	0.89	13,701	1.00
1:400	-	-	4,389	0.72	7,892	0.83	12,748	0.93
1:450	-	-	4,118	0.67	7,406	0.78	11,962	0.87
1:500	-	-	3,890	0.64	6,996	0.73	11,301	0.82
1:550	-	-	3,695	0.61	6,645	0.70	10,734	0.78
1:600	-	-	-	-	6,340	0.66	10,241	0.75
1:650	-	-	-	-	6,072	0.64	9,808	0.71
1:700	-	-	-	-	5,834	0.61	9,423	0.69
1:750	-	-	-	-	-	-	9,079	0.66
1:800	-	-	-	-	-	-	8,768	0.64
1:850	-	-	-	-	-	-	8,485	0.62
1:900	-	-	-	-	-	-	-	-
1:950	-	-	-	-	-	-	-	-
1:1000	-	-	-	-	-	-	-	-

(Continued)

Legend:
$Ø_{in}$ is the internal diameter of gravity sewer pipe

Note:
1. Pipe capacity data associated with velocity below 0.6m/s and above 4.0m/s are not shown.

Sanitary Sewer System | 21

Table 2-2 (Continued)

$Ø_{in}$ (mm)	525		600		675		750	
Unit	m³/day	m/s	m³/day	m/s	m³/day	m/s	m³/day	m/s
1:15	-	-	-	-	-	-	-	-
1:20	-	-	-	-	-	-	-	-
1:30	-	-	-	-	-	-	-	-
1:40	66,300	3.54	94,196	3.86	-	-	-	-
1:50	58,773	3.14	83,503	3.42	113,823	3.68	150,167	3.93
1:60	53,263	2.85	75,673	3.10	103,151	3.34	136,087	3.57
1:70	49,009	2.62	69,629	2.85	94,912	3.07	125,217	3.28
1:80	45,599	2.44	64,785	2.65	88,309	2.86	116,506	3.05
1:90	42,789	2.29	60,793	2.49	82,867	2.68	109,327	2.86
1:100	40,423	2.16	57,431	2.35	78,284	2.53	103,280	2.71
1:125	35,834	1.92	50,911	2.08	69,397	2.24	91,556	2.40
1:150	32,474	1.74	46,138	1.89	62,891	2.03	82,971	2.17
1:175	29,880	1.60	42,453	1.74	57,867	1.87	76,344	2.00
1:200	27,802	1.49	39,499	1.62	53,842	1.74	71,033	1.86
1:250	24,645	1.32	35,015	1.43	47,730	1.54	62,969	1.65
1:300	22,335	1.19	31,732	1.30	43,254	1.40	57,065	1.50
1:350	20,551	1.10	29,198	1.20	39,800	1.29	52,507	1.38
1:400	19,121	1.02	27,166	1.11	37,031	1.20	48,855	1.28
1:450	17,943	0.96	25,492	1.04	34,749	1.12	45,844	1.20
1:500	16,950	0.91	24,082	0.99	32,827	1.06	43,309	1.13
1:550	16,100	0.86	22,874	0.94	31,180	1.01	41,136	1.08
1:600	15,361	0.82	21,824	0.89	29,749	0.96	39,248	1.03
1:650	14,711	0.79	20,901	0.86	28,491	0.92	37,588	0.98
1:700	14,134	0.76	20,081	0.82	27,373	0.89	36,113	0.95
1:750	13,617	0.73	19,347	0.79	26,372	0.85	34,792	0.91
1:800	13,151	0.70	18,684	0.76	25,469	0.82	33,601	0.88
1:850	12,727	0.68	18,082	0.74	24,648	0.80	32,519	0.85
1:900	12,341	0.66	17,533	0.72	23,899	0.77	31,530	0.83
1:950	11,985	0.64	17,028	0.70	23,212	0.75	30,623	0.80
1:1000	11,658	0.62	16,563	0.68	22,577	0.73	29,786	0.78

(Continued)
Legend:
$Ø_{in}$ is the internal diameter of gravity sewer pipe
Note:
1. Pipe capacity data associated with velocity below 0.6m/s and above 4.0m/s are not shown.
2. This table uses Hazen-Williams coefficient, C=110.

Formulation and Design Data for Civil Engineering

Table 2-2 (Continued)

$\emptyset_{in}$ (mm)	825		900		1050		1200	
Unit	m³/day	m/s	m³/day	m/s	m³/day	m/s	m³/day	m/s
1:15	-	-	-	-	-	-	-	-
1:20	-	-	-	-	-	-	-	-
1:30	-	-	-	-	-	-	-	-
1:40	-	-	-	-	-	-	-	-
1:50	-	-	-	-	-	-	-	-
1:60	174,855	3.79	219,818	4.00	-	-	-	-
1:70	160,889	3.48	202,260	3.68	-	-	-	-
1:80	149,696	3.24	188,190	3.42	282,270	3.77	-	-
1:90	140,472	3.04	176,593	3.21	264,876	3.54	376,324	3.85
1:100	132,703	2.87	166,826	3.04	250,227	3.34	355,511	3.64
1:125	117,638	2.55	147,888	2.69	221,821	2.96	315,153	3.23
1:150	106,608	2.31	134,022	2.44	201,023	2.69	285,604	2.92
1:175	98,093	2.12	123,317	2.24	184,967	2.47	262,792	2.69
1:200	91,269	1.98	114,738	2.09	172,099	2.30	244,510	2.50
1:250	80,908	1.75	101,713	1.85	152,562	2.04	216,753	2.22
1:300	73,322	1.59	92,176	1.68	138,257	1.85	196,430	2.01
1:350	67,466	1.46	84,814	1.54	127,215	1.70	180,741	1.85
1:400	62,772	1.36	78,914	1.44	118,365	1.58	168,167	1.72
1:450	58,904	1.28	74,051	1.35	111,071	1.48	157,804	1.61
1:500	55,646	1.20	69,955	1.27	104,928	1.40	149,076	1.53
1:550	52,855	1.14	66,446	1.21	99,664	1.33	141,598	1.45
1:600	50,429	1.09	63,396	1.15	95,089	1.27	135,099	1.38
1:650	48,296	1.05	60,714	1.10	91,067	1.22	129,384	1.32
1:700	46,401	1.00	58,333	1.06	87,495	1.17	124,308	1.27
1:750	44,704	0.97	56,199	1.02	84,295	1.13	119,762	1.23
1:800	43,173	0.93	54,274	0.99	81,408	1.09	115,660	1.18
1:850	41,782	0.90	52,526	0.96	78,786	1.05	111,935	1.15
1:900	40,513	0.88	50,930	0.93	76,391	1.02	108,533	1.11
1:950	39,347	0.85	49,464	0.90	74,193	0.99	105,410	1.08
1:1000	38,272	0.83	48,113	0.88	72,166	0.96	102,530	1.05

Legend:
$\emptyset_{in}$ is the internal diameter of gravity sewer pipe

Note:
1. Pipe capacity data associated with velocity below 0.6m/s and above 4.0m/s are not shown.
2. This table uses Hazen-Williams coefficient, C=110.

Sanitary Sewer System | 23

Table 2-3 Capacity and velocity for gravity sanitary sewer pipes under full flow with various gradients (V:H) using Hazen-Williams equation (C=120)

$Ø_{in}$ (mm)	225		300		375		450	
Unit	m³/day	m/s	m³/day	m/s	m³/day	m/s	m³/day	m/s
1:15	13,230	3.85	-	-	-	-	-	-
1:20	11,326	3.30	24,136	3.95	-	-	-	-
1:30	9,099	2.65	19,390	3.17	34,870	3.65	-	-
1:40	7,790	2.27	16,600	2.72	29,853	3.13	48,220	3.51
1:50	6,905	2.01	14,716	2.41	26,464	2.77	42,746	3.11
1:60	6,258	1.82	13,336	2.18	23,983	2.51	38,738	2.82
1:70	5,758	1.68	12,271	2.01	22,067	2.31	35,644	2.59
1:80	5,358	1.56	11,417	1.87	20,532	2.15	33,165	2.41
1:90	5,027	1.46	10,714	1.75	19,267	2.02	31,121	2.26
1:100	4,749	1.38	10,121	1.66	18,201	1.91	29,400	2.14
1:125	4,210	1.23	8,972	1.47	16,135	1.69	26,062	1.90
1:150	3,815	1.11	8,131	1.33	14,622	1.53	23,619	1.72
1:175	3,511	1.02	7,481	1.23	13,454	1.41	21,732	1.58
1:200	3,266	0.95	6,961	1.14	12,518	1.31	20,220	1.47
1:250	2,896	0.84	6,171	1.01	11,097	1.16	17,925	1.30
1:300	2,624	0.76	5,592	0.92	10,057	1.05	16,244	1.18
1:350	2,415	0.70	5,145	0.84	9,253	0.97	14,947	1.09
1:400	2,247	0.65	4,788	0.78	8,610	0.90	13,907	1.01
1:450	2,108	0.61	4,493	0.74	8,079	0.85	13,050	0.95
1:500	-	-	4,244	0.69	7,632	0.80	12,328	0.90
1:550	-	-	4,031	0.66	7,249	0.76	11,710	0.85
1:600	-	-	3,846	0.63	6,917	0.72	11,172	0.81
1:650	-	-	3,683	0.60	6,624	0.69	10,700	0.78
1:700	-	-	-	-	6,364	0.67	10,280	0.75
1:750	-	-	-	-	6,131	0.64	9,904	0.72
1:800	-	-	-	-	5,921	0.62	9,565	0.70
1:850	-	-	-	-	5,731	0.60	9,257	0.67
1:900	-	-	-	-	-	-	8,975	0.65
1:950	-	-	-	-	-	-	8,717	0.63
1:1000	-	-	-	-	-	-	8,479	0.62

(Continued)

Legend:
$Ø_{in}$ is the internal diameter of gravity sewer pipe

Note:
1. Pipe capacity data associated with velocity below 0.6m/s and above 4.0m/s are not shown.

24 | Formulation and Design Data for Civil Engineering

Table 2-3 (Continued)

$\varnothing_{in}$ (mm)	525		600		675		750	
Unit	m³/day	m/s	m³/day	m/s	m³/day	m/s	m³/day	m/s
1:15	-	-	-	-	-	-	-	-
1:20	-	-	-	-	-	-	-	-
1:30	-	-	-	-	-	-	-	-
1:40	72,327	3.87	-	-	-	-	-	-
1:50	64,117	3.43	91,094	3.73	-	-	-	-
1:60	58,105	3.11	82,553	3.38	112,528	3.64	148,458	3.89
1:70	53,464	2.86	75,959	3.11	103,541	3.35	136,601	3.58
1:80	49,745	2.66	70,675	2.89	96,337	3.12	127,098	3.33
1:90	46,679	2.50	66,320	2.71	90,401	2.92	119,266	3.12
1:100	44,097	2.36	62,652	2.56	85,401	2.76	112,669	2.95
1:125	39,091	2.09	55,539	2.27	75,706	2.45	99,879	2.62
1:150	35,426	1.89	50,332	2.06	68,608	2.22	90,514	2.37
1:175	32,597	1.74	46,312	1.90	63,128	2.04	83,285	2.18
1:200	30,329	1.62	43,090	1.76	58,736	1.90	77,491	2.03
1:250	26,886	1.44	38,198	1.56	52,069	1.68	68,694	1.80
1:300	24,365	1.30	34,617	1.42	47,187	1.53	62,253	1.63
1:350	22,419	1.20	31,852	1.30	43,418	1.40	57,281	1.50
1:400	20,859	1.12	29,636	1.21	40,397	1.31	53,296	1.40
1:450	19,574	1.05	27,810	1.14	37,908	1.23	50,012	1.31
1:500	18,491	0.99	26,272	1.08	35,811	1.16	47,246	1.24
1:550	17,564	0.94	24,954	1.02	34,015	1.10	44,876	1.18
1:600	16,758	0.90	23,808	0.97	32,454	1.05	42,816	1.12
1:650	16,049	0.86	22,801	0.93	31,081	1.01	41,005	1.07
1:700	15,419	0.82	21,907	0.90	29,861	0.97	39,396	1.03
1:750	14,855	0.79	21,106	0.86	28,769	0.93	37,955	0.99
1:800	14,346	0.77	20,383	0.83	27,784	0.90	36,655	0.96
1:850	13,884	0.74	19,726	0.81	26,889	0.87	35,475	0.93
1:900	13,462	0.72	19,127	0.78	26,072	0.84	34,397	0.90
1:950	13,075	0.70	18,576	0.76	25,322	0.82	33,407	0.88
1:1000	12,718	0.68	18,069	0.74	24,630	0.80	32,494	0.85

(Continued)

Legend:
$\varnothing_{in}$ is the internal diameter of gravity sewer pipe

Note:
1. Pipe capacity data associated with velocity below 0.6m/s and above 4.0m/s are not shown.
2. This table uses Hazen-Williams coefficient, C=120.

Sanitary Sewer System | 25

Table 2-3 (Continued)

$\varnothing_{in}$ (mm)	825		900		1050		1200	
Unit	m³/day	m/s	m³/day	m/s	m³/day	m/s	m³/day	m/s
1:15	-	-	-	-	-	-	-	-
1:20	-	-	-	-	-	-	-	-
1:30	-	-	-	-	-	-	-	-
1:40	-	-	-	-	-	-	-	-
1:50	-	-	-	-	-	-	-	-
1:60	-	-	-	-	-	-	-	-
1:70	175,516	3.80	-	-	-	-	-	-
1:80	163,305	3.54	205,298	3.74	-	-	-	-
1:90	153,242	3.32	192,647	3.50	288,956	3.86	-	-
1:100	144,767	3.13	181,992	3.31	272,975	3.65	387,830	3.97
1:125	128,333	2.78	161,332	2.94	241,987	3.23	343,803	3.52
1:150	116,300	2.52	146,205	2.66	219,297	2.93	311,568	3.19
1:175	107,011	2.32	134,528	2.45	201,782	2.70	286,682	2.93
1:200	99,566	2.16	125,169	2.28	187,744	2.51	266,738	2.73
1:250	88,263	1.91	110,960	2.02	166,431	2.22	236,458	2.42
1:300	79,988	1.73	100,556	1.83	150,826	2.02	214,287	2.19
1:350	73,599	1.59	92,524	1.68	138,780	1.85	197,172	2.02
1:400	68,479	1.48	86,088	1.57	129,125	1.73	183,455	1.88
1:450	64,259	1.39	80,783	1.47	121,168	1.62	172,150	1.76
1:500	60,705	1.31	76,315	1.39	114,467	1.53	162,629	1.66
1:550	57,660	1.25	72,486	1.32	108,724	1.45	154,471	1.58
1:600	55,013	1.19	69,159	1.26	103,734	1.39	147,380	1.51
1:650	52,686	1.14	66,234	1.21	99,346	1.33	141,146	1.44
1:700	50,619	1.10	63,636	1.16	95,449	1.28	135,609	1.39
1:750	48,768	1.06	61,308	1.12	91,958	1.23	130,650	1.34
1:800	47,098	1.02	59,208	1.08	88,808	1.19	126,175	1.29
1:850	45,581	0.99	57,302	1.04	85,948	1.15	122,111	1.25
1:900	44,195	0.96	55,560	1.01	83,336	1.11	118,400	1.21
1:950	42,924	0.93	53,961	0.98	80,938	1.08	114,993	1.18
1:1000	41,751	0.90	52,487	0.95	78,727	1.05	111,851	1.14

Legend:
$\varnothing_{in}$ is the internal diameter of gravity sewer pipe
Note:
1. Pipe capacity data associated with velocity below 0.6m/s and above 4.0m/s are not shown.
2. This table uses Hazen-Williams coefficient, C=120.

26 | Formulation and Design Data for Civil Engineering

Table 2-4 Capacity and velocity for gravity sanitary sewer pipes under full flow with various gradients (V:H) using Hazen-Williams equation (C=130)

$\varnothing_{in}$ (mm)	225		300		375		450	
Unit	m³/day	m/s	m³/day	m/s	m³/day	m/s	m³/day	m/s
1:15	-	-	-	-	-	-	-	-
1:20	12,270	3.57	-	-	-	-	-	-
1:30	9,857	2.87	21,006	3.44	37,776	3.96	-	-
1:40	8,439	2.46	17,983	2.94	32,340	3.39	52,239	3.80
1:50	7,481	2.18	15,942	2.61	28,669	3.00	46,309	3.37
1:60	6,779	1.97	14,447	2.37	25,981	2.72	41,967	3.05
1:70	6,238	1.82	13,293	2.18	23,906	2.51	38,615	2.81
1:80	5,804	1.69	12,369	2.03	22,243	2.33	35,928	2.61
1:90	5,446	1.59	11,606	1.90	20,872	2.19	33,714	2.45
1:100	5,145	1.50	10,964	1.80	19,718	2.07	31,850	2.32
1:125	4,561	1.33	9,720	1.59	17,479	1.83	28,234	2.05
1:150	4,133	1.20	8,808	1.44	15,841	1.66	25,587	1.86
1:175	3,803	1.11	8,105	1.33	14,575	1.53	23,543	1.71
1:200	3,539	1.03	7,541	1.23	13,561	1.42	21,905	1.59
1:250	3,137	0.91	6,685	1.09	12,022	1.26	19,419	1.41
1:300	2,843	0.83	6,058	0.99	10,895	1.14	17,598	1.28
1:350	2,616	0.76	5,574	0.91	10,024	1.05	16,192	1.18
1:400	2,434	0.71	5,186	0.85	9,327	0.98	15,066	1.10
1:450	2,284	0.66	4,867	0.80	8,752	0.92	14,137	1.03
1:500	2,158	0.63	4,598	0.75	8,268	0.87	13,356	0.97
1:550	-	-	4,367	0.72	7,854	0.82	12,686	0.92
1:600	-	-	4,167	0.68	7,493	0.79	12,103	0.88
1:650	-	-	3,990	0.65	7,176	0.75	11,591	0.84
1:700	-	-	3,834	0.63	6,895	0.72	11,137	0.81
1:750	-	-	3,694	0.60	6,642	0.70	10,729	0.78
1:800	-	-	-	-	6,415	0.67	10,362	0.75
1:850	-	-	-	-	6,208	0.65	10,028	0.73
1:900	-	-	-	-	6,020	0.63	9,723	0.71
1:950	-	-	-	-	5,846	0.61	9,444	0.69
1:1000	-	-	-	-	-	-	9,186	0.67

(Continued)

Legend:
$\varnothing_{in}$ is the internal diameter of gravity sewer pipe

Note:
1. Pipe capacity data associated with velocity below 0.6m/s and above 4.0m/s are not shown.

Sanitary Sewer System | 27

Table 2-4 (Continued)

$\varnothing_{in}$ (mm)	525		600		675		750	
Unit	m³/day	m/s	m³/day	m/s	m³/day	m/s	m³/day	m/s
1:15	-	-	-	-	-	-	-	-
1:20	-	-	-	-	-	-	-	-
1:30	-	-	-	-	-	-	-	-
1:40	-	-	-	-	-	-	-	-
1:50	69,460	3.71	-	-	-	-	-	-
1:60	62,947	3.37	89,432	3.66	121,906	3.94	-	-
1:70	57,919	3.10	82,289	3.37	112,169	3.63	147,984	3.88
1:80	53,890	2.88	76,564	3.13	104,366	3.38	137,689	3.61
1:90	50,569	2.70	71,846	2.94	97,934	3.17	129,204	3.38
1:100	47,772	2.55	67,873	2.78	92,518	2.99	122,058	3.20
1:125	42,349	2.26	60,168	2.46	82,015	2.65	108,202	2.83
1:150	38,378	2.05	54,526	2.23	74,325	2.40	98,057	2.57
1:175	35,313	1.89	50,171	2.05	68,389	2.21	90,225	2.36
1:200	32,856	1.76	46,681	1.91	63,631	2.06	83,948	2.20
1:250	29,126	1.56	41,382	1.69	56,408	1.82	74,418	1.95
1:300	26,396	1.41	37,502	1.54	51,119	1.65	67,441	1.77
1:350	24,287	1.30	34,506	1.41	47,036	1.52	62,054	1.63
1:400	22,598	1.21	32,106	1.31	43,764	1.42	57,737	1.51
1:450	21,205	1.13	30,127	1.23	41,067	1.33	54,179	1.42
1:500	20,032	1.07	28,461	1.17	38,796	1.25	51,183	1.34
1:550	19,027	1.02	27,033	1.11	36,849	1.19	48,615	1.27
1:600	18,154	0.97	25,792	1.06	35,158	1.14	46,384	1.22
1:650	17,386	0.93	24,701	1.01	33,671	1.09	44,422	1.16
1:700	16,704	0.89	23,732	0.97	32,350	1.05	42,679	1.12
1:750	16,093	0.86	22,864	0.94	31,167	1.01	41,118	1.08
1:800	15,542	0.83	22,081	0.90	30,099	0.97	39,710	1.04
1:850	15,041	0.80	21,370	0.87	29,130	0.94	38,431	1.01
1:900	14,584	0.78	20,721	0.85	28,245	0.91	37,263	0.98
1:950	14,165	0.76	20,124	0.82	27,432	0.89	36,191	0.95
1:1000	13,778	0.74	19,575	0.80	26,682	0.86	35,202	0.92

(Continued)
Legend:
$\varnothing_{in}$ is the internal diameter of gravity sewer pipe
Note:
1. Pipe capacity data associated with velocity below 0.6m/s and above 4.0m/s are not shown.
2. This table uses Hazen-Williams coefficient, C=130.

Table 2-4 (Continued)

$Ø_{in}$ (mm)	825		900		1050		1200	
Unit	m³/day	m/s	m³/day	m/s	m³/day	m/s	m³/day	m/s
1:15	-	-	-	-	-	-	-	-
1:20	-	-	-	-	-	-	-	-
1:30	-	-	-	-	-	-	-	-
1:40	-	-	-	-	-	-	-	-
1:50	-	-	-	-	-	-	-	-
1:60	-	-	-	-	-	-	-	-
1:70	-	-	-	-	-	-	-	-
1:80	176,914	3.83	-	-	-	-	-	-
1:90	166,012	3.59	208,701	3.80	-	-	-	-
1:100	156,831	3.40	197,158	3.59	295,723	3.95	-	-
1:125	139,027	3.01	174,777	3.18	262,152	3.50	372,454	3.81
1:150	125,992	2.73	158,389	2.88	237,572	3.18	337,531	3.45
1:175	115,928	2.51	145,738	2.65	218,597	2.92	310,573	3.18
1:200	107,864	2.34	135,600	2.47	203,390	2.72	288,966	2.96
1:250	95,619	2.07	120,206	2.19	180,301	2.41	256,163	2.62
1:300	86,653	1.88	108,935	1.98	163,395	2.18	232,144	2.38
1:350	79,732	1.73	100,235	1.82	150,345	2.01	213,603	2.19
1:400	74,185	1.61	93,261	1.70	139,885	1.87	198,743	2.03
1:450	69,614	1.51	87,514	1.59	131,265	1.75	186,496	1.91
1:500	65,764	1.42	82,674	1.50	124,005	1.66	176,181	1.80
1:550	62,465	1.35	78,527	1.43	117,785	1.57	167,343	1.71
1:600	59,598	1.29	74,923	1.36	112,378	1.50	159,662	1.63
1:650	57,077	1.24	71,753	1.31	107,625	1.44	152,908	1.56
1:700	54,838	1.19	68,938	1.25	103,403	1.38	146,910	1.50
1:750	52,832	1.14	66,417	1.21	99,621	1.33	141,537	1.45
1:800	51,023	1.10	64,143	1.17	96,209	1.29	136,689	1.40
1:850	49,379	1.07	62,077	1.13	93,110	1.24	132,287	1.35
1:900	47,878	1.04	60,190	1.10	90,280	1.21	128,266	1.31
1:950	46,501	1.01	58,458	1.06	87,683	1.17	124,576	1.27
1:1000	45,230	0.98	56,861	1.03	85,287	1.14	121,172	1.24

Legend:
$Ø_{in}$ is the internal diameter of gravity sewer pipe

Note:
1. Pipe capacity data associated with velocity below 0.6m/s and above 4.0m/s are not shown.
2. This table uses Hazen-Williams coefficient, C=130.

Sanitary Sewer System | 29

Table 2-5 Capacity and velocity for gravity sanitary sewer pipes under full flow with various gradients (V:H) using Hazen-Williams equation (C=140)

$\varnothing_{in}$ (mm)	225		300		375		450	
Unit	m³/day	m/s	m³/day	m/s	m³/day	m/s	m³/day	m/s
1:15	-	-	-	-	-	-	-	-
1:20	13,214	3.85	-	-	-	-	-	-
1:30	10,615	3.09	22,622	3.70	-	-	-	-
1:40	9,088	2.65	19,367	3.17	34,828	3.65	-	-
1:50	8,056	2.35	17,168	2.81	30,875	3.24	49,871	3.63
1:60	7,301	2.13	15,559	2.55	27,980	2.93	45,195	3.29
1:70	6,718	1.96	14,316	2.34	25,745	2.70	41,585	3.03
1:80	6,250	1.82	13,320	2.18	23,954	2.51	38,692	2.82
1:90	5,865	1.71	12,499	2.05	22,478	2.36	36,308	2.64
1:100	5,541	1.61	11,808	1.93	21,235	2.23	34,300	2.50
1:125	4,912	1.43	10,467	1.71	18,824	1.97	30,406	2.21
1:150	4,451	1.30	9,486	1.55	17,059	1.79	27,555	2.01
1:175	4,096	1.19	8,728	1.43	15,697	1.64	25,354	1.85
1:200	3,811	1.11	8,121	1.33	14,605	1.53	23,590	1.72
1:250	3,378	0.98	7,199	1.18	12,947	1.36	20,912	1.52
1:300	3,062	0.89	6,524	1.07	11,733	1.23	18,952	1.38
1:350	2,817	0.82	6,003	0.98	10,796	1.13	17,438	1.27
1:400	2,621	0.76	5,585	0.91	10,045	1.05	16,225	1.18
1:450	2,459	0.72	5,241	0.86	9,426	0.99	15,225	1.11
1:500	2,323	0.68	4,951	0.81	8,904	0.93	14,383	1.05
1:550	2,207	0.64	4,703	0.77	8,458	0.89	13,661	0.99
1:600	2,106	0.61	4,487	0.73	8,069	0.85	13,034	0.95
1:650	-	-	4,297	0.70	7,728	0.81	12,483	0.91
1:700	-	-	4,129	0.68	7,425	0.78	11,993	0.87
1:750	-	-	3,978	0.65	7,153	0.75	11,555	0.84
1:800	-	-	3,842	0.63	6,908	0.72	11,159	0.81
1:850	-	-	3,718	0.61	6,686	0.70	10,800	0.79
1:900	-	-	-	-	6,483	0.68	10,471	0.76
1:950	-	-	-	-	6,296	0.66	10,170	0.74
1:1000	-	-	-	-	6,124	0.64	9,892	0.72

(Continued)
Legend:
$\varnothing_{in}$ is the internal diameter of gravity sewer pipe
Note:
1. Pipe capacity data associated with velocity below 0.6m/s and above 4.0m/s are not shown.

30 | Formulation and Design Data for Civil Engineering

Table 2-5 (Continued)

$Ø_{in}$ (mm) Unit	525 m³/day	m/s	600 m³/day	m/s	675 m³/day	m/s	750 m³/day	m/s
1:15	-	-	-	-	-	-	-	-
1:20	-	-	-	-	-	-	-	-
1:30	-	-	-	-	-	-	-	-
1:40	-	-	-	-	-	-	-	-
1:50	74,803	4.00	-	-	-	-	-	-
1:60	67,789	3.62	96,311	3.94	-	-	-	-
1:70	62,375	3.33	88,619	3.63	120,797	3.91	-	-
1:80	58,035	3.10	82,454	3.38	112,394	3.64	148,281	3.88
1:90	54,459	2.91	77,373	3.17	105,468	3.41	139,143	3.65
1:100	51,447	2.75	73,094	2.99	99,635	3.22	131,448	3.44
1:125	45,607	2.44	64,796	2.65	88,324	2.86	116,526	3.05
1:150	41,331	2.21	58,721	2.40	80,043	2.59	105,600	2.77
1:175	38,029	2.03	54,030	2.21	73,650	2.38	97,166	2.55
1:200	35,384	1.89	50,272	2.06	68,526	2.22	90,406	2.37
1:250	31,367	1.68	44,565	1.82	60,747	1.96	80,143	2.10
1:300	28,426	1.52	40,386	1.65	55,051	1.78	72,629	1.90
1:350	26,156	1.40	37,161	1.52	50,654	1.64	66,828	1.75
1:400	24,336	1.30	34,575	1.42	47,130	1.52	62,179	1.63
1:450	22,836	1.22	32,445	1.33	44,226	1.43	58,347	1.53
1:500	21,573	1.15	30,650	1.25	41,780	1.35	55,120	1.44
1:550	20,491	1.10	29,113	1.19	39,684	1.28	52,355	1.37
1:600	19,551	1.05	27,777	1.14	37,862	1.22	49,952	1.31
1:650	18,724	1.00	26,602	1.09	36,261	1.17	47,839	1.25
1:700	17,989	0.96	25,558	1.05	34,838	1.13	45,962	1.20
1:750	17,331	0.93	24,623	1.01	33,564	1.09	44,281	1.16
1:800	16,738	0.89	23,780	0.97	32,415	1.05	42,765	1.12
1:850	16,198	0.87	23,014	0.94	31,371	1.01	41,387	1.08
1:900	15,706	0.84	22,315	0.91	30,417	0.98	40,129	1.05
1:950	15,254	0.82	21,672	0.89	29,542	0.96	38,975	1.02
1:1000	14,837	0.79	21,080	0.86	28,735	0.93	37,910	0.99

(Continued)
Legend:
$Ø_{in}$ is the internal diameter of gravity sewer pipe
Note:
1. Pipe capacity data associated with velocity below 0.6m/s and above 4.0m/s are not shown.
2. This table uses Hazen-Williams coefficient, C=140.

Table 2-5 (Continued)

$\varnothing_{in}$ (mm)	825		900		1050		1200	
Unit	m³/day	m/s	m³/day	m/s	m³/day	m/s	m³/day	m/s
1:15	-	-	-	-	-	-	-	-
1:20	-	-	-	-	-	-	-	-
1:30	-	-	-	-	-	-	-	-
1:40	-	-	-	-	-	-	-	-
1:50	-	-	-	-	-	-	-	-
1:60	-	-	-	-	-	-	-	-
1:70	-	-	-	-	-	-	-	-
1:80	-	-	-	-	-	-	-	-
1:90	178,782	3.87	-	-	-	-	-	-
1:100	168,894	3.66	212,324	3.86	-	-	-	-
1:125	149,721	3.24	188,221	3.42	282,318	3.77	-	-
1:150	135,683	2.94	170,573	3.10	255,847	3.42	363,495	3.72
1:175	124,846	2.70	156,949	2.86	235,412	3.15	334,463	3.42
1:200	116,161	2.52	146,030	2.66	219,035	2.93	311,195	3.18
1:250	102,974	2.23	129,453	2.36	194,170	2.60	275,868	2.82
1:300	93,319	2.02	117,315	2.13	175,964	2.35	250,002	2.56
1:350	85,865	1.86	107,945	1.96	161,910	2.16	230,034	2.35
1:400	79,892	1.73	100,435	1.83	150,646	2.01	214,031	2.19
1:450	74,969	1.62	94,246	1.71	141,363	1.89	200,842	2.06
1:500	70,823	1.53	89,034	1.62	133,544	1.79	189,734	1.94
1:550	67,270	1.46	84,568	1.54	126,845	1.70	180,216	1.84
1:600	64,182	1.39	80,686	1.47	121,023	1.62	171,944	1.76
1:650	61,467	1.33	77,273	1.41	115,903	1.55	164,670	1.69
1:700	59,056	1.28	74,241	1.35	111,357	1.49	158,210	1.62
1:750	56,896	1.23	71,526	1.30	107,284	1.43	152,425	1.56
1:800	54,947	1.19	69,077	1.26	103,610	1.38	147,204	1.51
1:850	53,178	1.15	66,852	1.22	100,273	1.34	142,463	1.46
1:900	51,561	1.12	64,820	1.18	97,225	1.30	138,133	1.41
1:950	50,078	1.08	62,955	1.15	94,428	1.26	134,158	1.37
1:1000	48,710	1.05	61,235	1.11	91,848	1.23	130,493	1.34

Legend:
$\varnothing_{in}$ is the internal diameter of gravity sewer pipe

Note:
1. Pipe capacity data associated with velocity below 0.6m/s and above 4.0m/s are not shown.
2. This table uses Hazen-Williams coefficient, C=140.

Table 2-6 Capacity and velocity for gravity sanitary sewer pipes under full flow with various gradients (V:H) using Manning's equation (n=0.010)

$\varnothing_{in}$ (mm)	225		300		375		450	
Unit	m³/day	m/s	m³/day	m/s	m³/day	m/s	m³/day	m/s
1:15	13,022	3.79	-	-	-	-	-	-
1:20	11,277	3.28	24,287	3.98	-	-	-	-
1:30	9,208	2.68	19,830	3.25	35,954	3.77	-	-
1:40	7,974	2.32	17,173	2.81	31,137	3.26	50,633	3.68
1:50	7,132	2.08	15,360	2.52	27,850	2.92	45,288	3.30
1:60	6,511	1.90	14,022	2.30	25,424	2.66	41,342	3.01
1:70	6,028	1.75	12,982	2.13	23,538	2.47	38,275	2.79
1:80	5,639	1.64	12,143	1.99	22,018	2.31	35,803	2.61
1:90	5,316	1.55	11,449	1.87	20,758	2.18	33,755	2.46
1:100	5,043	1.47	10,861	1.78	19,693	2.06	32,023	2.33
1:125	4,511	1.31	9,715	1.59	17,614	1.85	28,642	2.08
1:150	4,118	1.20	8,868	1.45	16,079	1.69	26,147	1.90
1:175	3,812	1.11	8,210	1.34	14,887	1.56	24,207	1.76
1:200	3,566	1.04	7,680	1.26	13,925	1.46	22,644	1.65
1:250	3,190	0.93	6,869	1.12	12,455	1.31	20,253	1.47
1:300	2,912	0.85	6,271	1.03	11,370	1.19	18,489	1.35
1:350	2,696	0.78	5,806	0.95	10,526	1.10	17,117	1.25
1:400	2,522	0.73	5,431	0.89	9,847	1.03	16,012	1.17
1:450	2,377	0.69	5,120	0.84	9,283	0.97	15,096	1.10
1:500	2,255	0.66	4,857	0.80	8,807	0.92	14,321	1.04
1:550	2,150	0.63	4,631	0.76	8,397	0.88	13,655	0.99
1:600	-	-	4,434	0.73	8,040	0.84	13,073	0.95
1:650	-	-	4,260	0.70	7,724	0.81	12,561	0.91
1:700	-	-	4,105	0.67	7,443	0.78	12,104	0.88
1:750	-	-	3,966	0.65	7,191	0.75	11,693	0.85
1:800	-	-	3,840	0.63	6,963	0.73	11,322	0.82
1:850	-	-	3,725	0.61	6,755	0.71	10,984	0.80
1:900	-	-	-	-	6,564	0.69	10,674	0.78
1:950	-	-	-	-	6,389	0.67	10,390	0.76
1:1000	-	-	-	-	6,227	0.65	10,127	0.74

(Continued)

Legend:
$\varnothing_{in}$ is the internal diameter of gravity sewer pipe

Note:
1. Pipe capacity data associated with velocity below 0.6m/s and above 4.0m/s are not shown.

Sanitary Sewer System | 33

Table 2-6 (Continued)

$Ø_{in}$ (mm)	525		600		675		750	
Unit	m³/day	m/s	m³/day	m/s	m³/day	m/s	m³/day	m/s
1:15	-	-	-	-	-	-	-	-
1:20	-	-	-	-	-	-	-	-
1:30	-	-	-	-	-	-	-	-
1:40	-	-	-	-	-	-	-	-
1:50	68,313	3.65	97,532	3.99	-	-	-	-
1:60	62,361	3.33	89,034	3.64	121,889	3.94	-	-
1:70	57,735	3.09	82,430	3.37	112,847	3.65	149,455	3.92
1:80	54,006	2.89	77,106	3.16	105,559	3.41	139,803	3.66
1:90	50,918	2.72	72,696	2.98	99,522	3.22	131,807	3.45
1:100	48,305	2.58	68,966	2.82	94,415	3.05	125,043	3.28
1:125	43,205	2.31	61,685	2.53	84,447	2.73	111,842	2.93
1:150	39,441	2.11	56,310	2.31	77,089	2.49	102,097	2.67
1:175	36,515	1.95	52,133	2.13	71,371	2.31	94,524	2.48
1:200	34,157	1.83	48,766	2.00	66,761	2.16	88,419	2.32
1:250	30,551	1.63	43,618	1.79	59,713	1.93	79,084	2.07
1:300	27,889	1.49	39,817	1.63	54,510	1.76	72,194	1.89
1:350	25,820	1.38	36,864	1.51	50,467	1.63	66,838	1.75
1:400	24,152	1.29	34,483	1.41	47,207	1.53	62,522	1.64
1:450	22,771	1.22	32,511	1.33	44,508	1.44	58,946	1.54
1:500	21,602	1.15	30,842	1.26	42,224	1.37	55,921	1.47
1:550	20,597	1.10	29,407	1.20	40,259	1.30	53,319	1.40
1:600	19,720	1.05	28,155	1.15	38,545	1.25	51,049	1.34
1:650	18,947	1.01	27,051	1.11	37,033	1.20	49,046	1.28
1:700	18,257	0.98	26,067	1.07	35,685	1.15	47,262	1.24
1:750	17,638	0.94	25,183	1.03	34,475	1.12	45,659	1.20
1:800	17,078	0.91	24,383	1.00	33,381	1.08	44,209	1.16
1:850	16,568	0.89	23,655	0.97	32,384	1.05	42,889	1.12
1:900	16,102	0.86	22,989	0.94	31,472	1.02	41,681	1.09
1:950	15,672	0.84	22,375	0.92	30,632	0.99	40,569	1.06
1:1000	15,275	0.82	21,809	0.89	29,857	0.97	39,542	1.04

(Continued)
Legend:
$Ø_{in}$ is the internal diameter of gravity sewer pipe
Note:
1. Pipe capacity data associated with velocity below 0.6m/s and above 4.0m/s are not shown.
2. This table uses Manning's roughness, n=0.010.

34 | Formulation and Design Data for Civil Engineering

Table 2-6 (Continued)

$\varnothing_{in}$ (mm)	825		900		1050		1200	
Unit	m³/day	m/s	m³/day	m/s	m³/day	m/s	m³/day	m/s
1:15	-	-	-	-	-	-	-	-
1:20	-	-	-	-	-	-	-	-
1:30	-	-	-	-	-	-	-	-
1:40	-	-	-	-	-	-	-	-
1:50	-	-	-	-	-	-	-	-
1:60	-	-	-	-	-	-	-	-
1:70	-	-	-	-	-	-	-	-
1:80	180,259	3.90	-	-	-	-	-	-
1:90	169,949	3.68	214,333	3.90	-	-	-	-
1:100	161,228	3.49	203,334	3.70	-	-	-	-
1:125	144,207	3.12	181,868	3.31	274,334	3.67	-	-
1:150	131,642	2.85	166,022	3.02	250,432	3.35	357,548	3.66
1:175	121,877	2.64	153,706	2.80	231,855	3.10	331,025	3.39
1:200	114,006	2.47	143,779	2.62	216,880	2.90	309,646	3.17
1:250	101,970	2.21	128,600	2.34	193,984	2.59	276,956	2.83
1:300	93,085	2.02	117,395	2.14	177,082	2.37	252,825	2.59
1:350	86,180	1.87	108,687	1.98	163,946	2.19	234,070	2.40
1:400	80,614	1.75	101,667	1.85	153,358	2.05	218,953	2.24
1:450	76,004	1.65	95,853	1.74	144,587	1.93	206,431	2.11
1:500	72,103	1.56	90,934	1.65	137,167	1.83	195,837	2.00
1:550	68,748	1.49	86,702	1.58	130,784	1.75	186,723	1.91
1:600	65,821	1.43	83,011	1.51	125,216	1.67	178,774	1.83
1:650	63,239	1.37	79,754	1.45	120,304	1.61	171,761	1.76
1:700	60,939	1.32	76,853	1.40	115,927	1.55	165,513	1.69
1:750	58,872	1.27	74,247	1.35	111,997	1.50	159,900	1.64
1:800	57,003	1.23	71,889	1.31	108,440	1.45	154,823	1.58
1:850	55,301	1.20	69,743	1.27	105,202	1.41	150,200	1.54
1:900	53,743	1.16	67,778	1.23	102,238	1.37	145,968	1.49
1:950	52,309	1.13	65,970	1.20	99,512	1.33	142,075	1.45
1:1000	50,985	1.10	64,300	1.17	96,992	1.30	138,478	1.42

Legend:
$\varnothing_{in}$ is the internal diameter of gravity sewer pipe
Note:
1. Pipe capacity data associated with velocity below 0.6m/s and above 4.0m/s are not shown.
2. This table uses Manning's roughness, n=0.010.

Table 2-7 Capacity and velocity for gravity sanitary sewer pipes under full flow with various gradients (V:H) using Manning's equation (n=0.011)

$Ø_{in}$ (mm)	225		300		375		450	
Unit	m³/day	m/s	m³/day	m/s	m³/day	m/s	m³/day	m/s
1:15	11,838	3.45	-	-	-	-	-	-
1:20	10,252	2.98	22,079	3.62	-	-	-	-
1:30	8,371	2.44	18,027	2.95	32,686	3.43	53,151	3.87
1:40	7,249	2.11	15,612	2.56	28,307	2.97	46,030	3.35
1:50	6,484	1.89	13,964	2.29	25,318	2.65	41,170	3.00
1:60	5,919	1.72	12,747	2.09	23,112	2.42	37,583	2.74
1:70	5,480	1.60	11,802	1.93	21,398	2.24	34,795	2.53
1:80	5,126	1.49	11,039	1.81	20,016	2.10	32,548	2.37
1:90	4,833	1.41	10,408	1.70	18,871	1.98	30,687	2.23
1:100	4,585	1.33	9,874	1.62	17,903	1.88	29,112	2.12
1:125	4,101	1.19	8,832	1.45	16,013	1.68	26,039	1.89
1:150	3,744	1.09	8,062	1.32	14,618	1.53	23,770	1.73
1:175	3,466	1.01	7,464	1.22	13,533	1.42	22,007	1.60
1:200	3,242	0.94	6,982	1.14	12,659	1.33	20,585	1.50
1:250	2,900	0.84	6,245	1.02	11,323	1.19	18,412	1.34
1:300	2,647	0.77	5,701	0.93	10,336	1.08	16,808	1.22
1:350	2,451	0.71	5,278	0.86	9,569	1.00	15,561	1.13
1:400	2,292	0.67	4,937	0.81	8,951	0.94	14,556	1.06
1:450	2,161	0.63	4,655	0.76	8,439	0.88	13,723	1.00
1:500	-	-	4,416	0.72	8,006	0.84	13,019	0.95
1:550	-	-	4,210	0.69	7,634	0.80	12,413	0.90
1:600	-	-	4,031	0.66	7,309	0.77	11,885	0.86
1:650	-	-	3,873	0.63	7,022	0.74	11,419	0.83
1:700	-	-	3,732	0.61	6,767	0.71	11,003	0.80
1:750	-	-	-	-	6,537	0.69	10,630	0.77
1:800	-	-	-	-	6,330	0.66	10,293	0.75
1:850	-	-	-	-	6,141	0.64	9,985	0.73
1:900	-	-	-	-	5,968	0.63	9,704	0.71
1:950	-	-	-	-	5,808	0.61	9,445	0.69
1:1000	-	-	-	-	-	-	9,206	0.67

(Continued)

Legend:
$Ø_{in}$ is the internal diameter of gravity sewer pipe

Note:
1. Pipe capacity data associated with velocity below 0.6m/s and above 4.0m/s are not shown.

Table 2-7 (Continued)

$\varnothing_{in}$ (mm)	525		600		675		750	
Unit	m³/day	m/s	m³/day	m/s	m³/day	m/s	m³/day	m/s
1:15	-	-	-	-	-	-	-	-
1:20	-	-	-	-	-	-	-	-
1:30	-	-	-	-	-	-	-	-
1:40	69,433	3.71	-	-	-	-	-	-
1:50	62,103	3.32	88,666	3.63	121,384	3.93	-	-
1:60	56,692	3.03	80,940	3.31	110,808	3.58	146,755	3.84
1:70	52,486	2.81	74,936	3.07	102,588	3.32	135,868	3.56
1:80	49,097	2.62	70,096	2.87	95,963	3.10	127,093	3.33
1:90	46,289	2.47	66,088	2.71	90,475	2.93	119,825	3.14
1:100	43,913	2.35	62,696	2.57	85,832	2.78	113,676	2.98
1:125	39,277	2.10	56,077	2.30	76,770	2.48	101,675	2.66
1:150	35,855	1.92	51,191	2.10	70,081	2.27	92,816	2.43
1:175	33,195	1.77	47,394	1.94	64,883	2.10	85,931	2.25
1:200	31,051	1.66	44,333	1.81	60,692	1.96	80,381	2.11
1:250	27,773	1.48	39,653	1.62	54,285	1.76	71,895	1.88
1:300	25,353	1.36	36,198	1.48	49,555	1.60	65,631	1.72
1:350	23,473	1.25	33,513	1.37	45,879	1.48	60,762	1.59
1:400	21,957	1.17	31,348	1.28	42,916	1.39	56,838	1.49
1:450	20,701	1.11	29,555	1.21	40,461	1.31	53,587	1.40
1:500	19,639	1.05	28,039	1.15	38,385	1.24	50,837	1.33
1:550	18,725	1.00	26,734	1.09	36,599	1.18	48,471	1.27
1:600	17,928	0.96	25,596	1.05	35,041	1.13	46,408	1.22
1:650	17,224	0.92	24,591	1.01	33,666	1.09	44,587	1.17
1:700	16,598	0.89	23,697	0.97	32,441	1.05	42,965	1.13
1:750	16,035	0.86	22,893	0.94	31,341	1.01	41,508	1.09
1:800	15,526	0.83	22,166	0.91	30,346	0.98	40,190	1.05
1:850	15,062	0.81	21,505	0.88	29,440	0.95	38,990	1.02
1:900	14,638	0.78	20,899	0.86	28,611	0.93	37,892	0.99
1:950	14,247	0.76	20,341	0.83	27,847	0.90	36,881	0.97
1:1000	13,887	0.74	19,826	0.81	27,142	0.88	35,947	0.94

(Continued)

Legend:
$\varnothing_{in}$ is the internal diameter of gravity sewer pipe

Note:
1. Pipe capacity data associated with velocity below 0.6m/s and above 4.0m/s are not shown.
2. This table uses Manning's roughness, n=0.011.

Sanitary Sewer System | 37

Table 2-7 (Continued)

$\varnothing_{in}$ (mm)	825		900		1050		1200	
Unit	m³/day	m/s	m³/day	m/s	m³/day	m/s	m³/day	m/s
1:15	-	-	-	-	-	-	-	-
1:20	-	-	-	-	-	-	-	-
1:30	-	-	-	-	-	-	-	-
1:40	-	-	-	-	-	-	-	-
1:50	-	-	-	-	-	-	-	-
1:60	-	-	-	-	-	-	-	-
1:70	175,186	3.79	-	-	-	-	-	-
1:80	163,871	3.55	206,668	3.76	-	-	-	-
1:90	154,499	3.35	194,848	3.54	293,915	3.93	-	-
1:100	146,571	3.17	184,849	3.36	278,832	3.73	-	-
1:125	131,097	2.84	165,334	3.01	249,395	3.33	356,068	3.64
1:150	119,675	2.59	150,929	2.75	227,665	3.04	325,044	3.33
1:175	110,797	2.40	139,733	2.54	210,777	2.82	300,932	3.08
1:200	103,641	2.24	130,708	2.38	197,164	2.64	281,496	2.88
1:250	92,700	2.01	116,909	2.13	176,349	2.36	251,778	2.58
1:300	84,623	1.83	106,723	1.94	160,984	2.15	229,841	2.35
1:350	78,346	1.70	98,806	1.80	149,042	1.99	212,791	2.18
1:400	73,286	1.59	92,425	1.68	139,416	1.86	199,048	2.04
1:450	69,094	1.50	87,139	1.59	131,443	1.76	187,664	1.92
1:500	65,549	1.42	82,667	1.50	124,697	1.67	178,034	1.82
1:550	62,498	1.35	78,820	1.43	118,894	1.59	169,749	1.74
1:600	59,837	1.30	75,464	1.37	113,833	1.52	162,522	1.66
1:650	57,490	1.24	72,504	1.32	109,367	1.46	156,146	1.60
1:700	55,399	1.20	69,866	1.27	105,389	1.41	150,466	1.54
1:750	53,520	1.16	67,497	1.23	101,815	1.36	145,364	1.49
1:800	51,821	1.12	65,354	1.19	98,582	1.32	140,748	1.44
1:850	50,273	1.09	63,403	1.15	95,639	1.28	136,546	1.40
1:900	48,857	1.06	61,616	1.12	92,944	1.24	132,699	1.36
1:950	47,554	1.03	59,973	1.09	90,465	1.21	129,159	1.32
1:1000	46,350	1.00	58,454	1.06	88,174	1.18	125,889	1.29

Legend:
$\varnothing_{in}$ is the internal diameter of gravity sewer pipe

Note:
1. Pipe capacity data associated with velocity below 0.6m/s and above 4.0m/s are not shown.
2. This table uses Manning's roughness, n=0.011.

Table 2-8 Capacity and velocity for gravity sanitary sewer pipes under full flow with various gradients (V:H) using Manning's equation (n=0.012)

$Ø_{in}$ (mm)	225		300		375		450	
Unit	m³/day	m/s	m³/day	m/s	m³/day	m/s	m³/day	m/s
1:15	10,852	3.16	23,370	3.83	-	-	-	-
1:20	9,398	2.74	20,239	3.31	36,696	3.85	-	-
1:30	7,673	2.23	16,525	2.71	29,962	3.14	48,722	3.55
1:40	6,645	1.93	14,311	2.34	25,948	2.72	42,194	3.07
1:50	5,944	1.73	12,800	2.10	23,209	2.43	37,740	2.75
1:60	5,426	1.58	11,685	1.91	21,186	2.22	34,451	2.51
1:70	5,023	1.46	10,818	1.77	19,615	2.06	31,896	2.32
1:80	4,699	1.37	10,120	1.66	18,348	1.92	29,836	2.17
1:90	4,430	1.29	9,541	1.56	17,299	1.81	28,129	2.05
1:100	4,203	1.22	9,051	1.48	16,411	1.72	26,686	1.94
1:125	3,759	1.09	8,096	1.33	14,678	1.54	23,869	1.74
1:150	3,432	1.00	7,390	1.21	13,399	1.40	21,789	1.59
1:175	3,177	0.92	6,842	1.12	12,405	1.30	20,173	1.47
1:200	2,972	0.87	6,400	1.05	11,604	1.22	18,870	1.37
1:250	2,658	0.77	5,724	0.94	10,379	1.09	16,878	1.23
1:300	2,426	0.71	5,226	0.86	9,475	0.99	15,407	1.12
1:350	2,246	0.65	4,838	0.79	8,772	0.92	14,264	1.04
1:400	2,101	0.61	4,526	0.74	8,205	0.86	13,343	0.97
1:450	-	-	4,267	0.70	7,736	0.81	12,580	0.92
1:500	-	-	4,048	0.66	7,339	0.77	11,934	0.87
1:550	-	-	3,859	0.63	6,998	0.73	11,379	0.83
1:600	-	-	3,695	0.61	6,700	0.70	10,894	0.79
1:650	-	-	-	-	6,437	0.67	10,467	0.76
1:700	-	-	-	-	6,203	0.65	10,086	0.73
1:750	-	-	-	-	5,992	0.63	9,744	0.71
1:800	-	-	-	-	5,802	0.61	9,435	0.69
1:850	-	-	-	-	-	-	9,153	0.67
1:900	-	-	-	-	-	-	8,895	0.65
1:950	-	-	-	-	-	-	8,658	0.63
1:1000	-	-	-	-	-	-	8,439	0.61

(Continued)

Legend:
$Ø_{in}$ is the internal diameter of gravity sewer pipe

Note:
1. Pipe capacity data associated with velocity below 0.6m/s and above 4.0m/s are not shown.

Table 2-8 (Continued)

$\varnothing_{in}$ (mm)	525		600		675		750	
Unit	m³/day	m/s	m³/day	m/s	m³/day	m/s	m³/day	m/s
1:15	-	-	-	-	-	-	-	-
1:20	-	-	-	-	-	-	-	-
1:30	73,493	3.93	-	-	-	-	-	-
1:40	63,647	3.40	90,870	3.72	-	-	-	-
1:50	56,928	3.04	81,277	3.33	111,269	3.60	147,365	3.86
1:60	51,967	2.78	74,195	3.04	101,574	3.29	134,525	3.52
1:70	48,113	2.57	68,692	2.81	94,039	3.04	124,546	3.26
1:80	45,005	2.41	64,255	2.63	87,966	2.85	116,502	3.05
1:90	42,431	2.27	60,580	2.48	82,935	2.68	109,839	2.88
1:100	40,254	2.15	57,471	2.35	78,679	2.54	104,203	2.73
1:125	36,004	1.92	51,404	2.10	70,373	2.28	93,202	2.44
1:150	32,867	1.76	46,925	1.92	64,241	2.08	85,081	2.23
1:175	30,429	1.63	43,444	1.78	59,476	1.92	78,770	2.06
1:200	28,464	1.52	40,638	1.66	55,634	1.80	73,682	1.93
1:250	25,459	1.36	36,348	1.49	49,761	1.61	65,904	1.73
1:300	23,241	1.24	33,181	1.36	45,425	1.47	60,161	1.58
1:350	21,517	1.15	30,720	1.26	42,056	1.36	55,699	1.46
1:400	20,127	1.08	28,736	1.18	39,340	1.27	52,101	1.36
1:450	18,976	1.01	27,092	1.11	37,090	1.20	49,122	1.29
1:500	18,002	0.96	25,702	1.05	35,186	1.14	46,601	1.22
1:550	17,164	0.92	24,506	1.00	33,549	1.09	44,432	1.16
1:600	16,434	0.88	23,463	0.96	32,121	1.04	42,541	1.11
1:650	15,789	0.84	22,542	0.92	30,860	1.00	40,872	1.07
1:700	15,215	0.81	21,722	0.89	29,738	0.96	39,385	1.03
1:750	14,699	0.79	20,986	0.86	28,730	0.93	38,049	1.00
1:800	14,232	0.76	20,319	0.83	27,817	0.90	36,841	0.97
1:850	13,807	0.74	19,713	0.81	26,987	0.87	35,741	0.94
1:900	13,418	0.72	19,157	0.78	26,226	0.85	34,734	0.91
1:950	13,060	0.70	18,646	0.76	25,527	0.83	33,808	0.89
1:1000	12,729	0.68	18,174	0.74	24,881	0.80	32,952	0.86

(Continued)
Legend:
$\varnothing_{in}$ is the internal diameter of gravity sewer pipe
Note:
1. Pipe capacity data associated with velocity below 0.6m/s and above 4.0m/s are not shown.
2. This table uses Manning's roughness, n=0.012.

40 | Formulation and Design Data for Civil Engineering

Table 2-8 (Continued)

$\varnothing_{in}$ (mm)	825		900		1050		1200	
Unit	m³/day	m/s	m³/day	m/s	m³/day	m/s	m³/day	m/s
1:15	-	-	-	-	-	-	-	-
1:20	-	-	-	-	-	-	-	-
1:30	-	-	-	-	-	-	-	-
1:40	-	-	-	-	-	-	-	-
1:50	-	-	-	-	-	-	-	-
1:60	173,454	3.76	218,753	3.98	-	-	-	-
1:70	160,587	3.48	202,526	3.68	-	-	-	-
1:80	150,215	3.25	189,445	3.45	285,765	3.82	-	-
1:90	141,624	3.07	178,611	3.25	269,422	3.60	384,661	3.94
1:100	134,357	2.91	169,445	3.08	255,596	3.42	364,921	3.73
1:125	120,172	2.60	151,556	2.76	228,612	3.06	326,395	3.34
1:150	109,702	2.38	138,351	2.52	208,693	2.79	297,957	3.05
1:175	101,564	2.20	128,088	2.33	193,212	2.58	275,854	2.82
1:200	95,005	2.06	119,816	2.18	180,734	2.42	258,038	2.64
1:250	84,975	1.84	107,167	1.95	161,653	2.16	230,796	2.36
1:300	77,571	1.68	97,829	1.78	147,568	1.97	210,687	2.16
1:350	71,817	1.55	90,572	1.65	136,622	1.83	195,059	2.00
1:400	67,178	1.45	84,723	1.54	127,798	1.71	182,461	1.87
1:450	63,336	1.37	79,877	1.45	120,489	1.61	172,025	1.76
1:500	60,086	1.30	75,778	1.38	114,306	1.53	163,198	1.67
1:550	57,290	1.24	72,252	1.31	108,986	1.46	155,603	1.59
1:600	54,851	1.19	69,176	1.26	104,347	1.39	148,978	1.52
1:650	52,699	1.14	66,462	1.21	100,253	1.34	143,134	1.46
1:700	50,782	1.10	64,044	1.17	96,606	1.29	137,927	1.41
1:750	49,060	1.06	61,873	1.13	93,330	1.25	133,250	1.36
1:800	47,502	1.03	59,908	1.09	90,367	1.21	129,019	1.32
1:850	46,084	1.00	58,119	1.06	87,669	1.17	125,167	1.28
1:900	44,786	0.97	56,482	1.03	85,199	1.14	121,640	1.24
1:950	43,591	0.94	54,975	1.00	82,926	1.11	118,396	1.21
1:1000	42,487	0.92	53,583	0.97	80,827	1.08	115,398	1.18

Legend:
$\varnothing_{in}$ is the internal diameter of gravity sewer pipe

Note:
1. Pipe capacity data associated with velocity below 0.6m/s and above 4.0m/s are not shown.
2. This table uses Manning's roughness, n=0.012.

Table 2-9 Capacity and velocity for gravity sanitary sewer pipes under full flow with various gradients (V:H) using Manning's equation (n=0.013)

$Ø_{in}$ (mm)	225		300		375		450	
Unit	m³/day	m/s	m³/day	m/s	m³/day	m/s	m³/day	m/s
1:15	10,017	2.92	21,572	3.53	-	-	-	-
1:20	8,675	2.53	18,682	3.06	33,873	3.55	-	-
1:30	7,083	2.06	15,254	2.50	27,657	2.90	44,974	3.27
1:40	6,134	1.79	13,210	2.16	23,952	2.51	38,948	2.83
1:50	5,486	1.60	11,816	1.93	21,423	2.25	34,837	2.54
1:60	5,008	1.46	10,786	1.77	19,557	2.05	31,801	2.31
1:70	4,637	1.35	9,986	1.64	18,106	1.90	29,442	2.14
1:80	4,337	1.26	9,341	1.53	16,937	1.77	27,541	2.00
1:90	4,089	1.19	8,807	1.44	15,968	1.67	25,966	1.89
1:100	3,879	1.13	8,355	1.37	15,149	1.59	24,633	1.79
1:125	3,470	1.01	7,473	1.22	13,549	1.42	22,033	1.60
1:150	3,168	0.92	6,822	1.12	12,369	1.30	20,113	1.46
1:175	2,933	0.85	6,316	1.03	11,451	1.20	18,621	1.36
1:200	2,743	0.80	5,908	0.97	10,712	1.12	17,418	1.27
1:250	2,454	0.71	5,284	0.87	9,581	1.00	15,579	1.13
1:300	2,240	0.65	4,824	0.79	8,746	0.92	14,222	1.03
1:350	2,074	0.60	4,466	0.73	8,097	0.85	13,167	0.96
1:400	-	-	4,177	0.68	7,574	0.79	12,317	0.90
1:450	-	-	3,939	0.64	7,141	0.75	11,612	0.85
1:500	-	-	3,736	0.61	6,775	0.71	11,016	0.80
1:550	-	-	-	-	6,459	0.68	10,504	0.76
1:600	-	-	-	-	6,184	0.65	10,056	0.73
1:650	-	-	-	-	5,942	0.62	9,662	0.70
1:700	-	-	-	-	5,726	0.60	9,310	0.68
1:750	-	-	-	-	-	-	8,995	0.65
1:800	-	-	-	-	-	-	8,709	0.63
1:850	-	-	-	-	-	-	8,449	0.61
1:900	-	-	-	-	-	-	-	-
1:950	-	-	-	-	-	-	-	-
1:1000	-	-	-	-	-	-	-	-

(Continued)
Legend:
$Ø_{in}$ is the internal diameter of gravity sewer pipe
Note:
1. Pipe capacity data associated with velocity below 0.6m/s and above 4.0m/s are not shown.

42 | Formulation and Design Data for Civil Engineering

Table 2-9 (Continued)

$\varnothing_{in}$ (mm) Unit	525 m³/day	m/s	600 m³/day	m/s	675 m³/day	m/s	750 m³/day	m/s
1:15	-	-	-	-	-	-	-	-
1:20	-	-	-	-	-	-	-	-
1:30	67,840	3.63	96,857	3.96	-	-	-	-
1:40	58,751	3.14	83,880	3.43	114,833	3.71	152,085	3.98
1:50	52,548	2.81	75,025	3.07	102,710	3.32	136,029	3.56
1:60	47,970	2.56	68,488	2.80	93,761	3.03	124,177	3.25
1:70	44,412	2.37	63,408	2.60	86,806	2.81	114,966	3.01
1:80	41,543	2.22	59,312	2.43	81,199	2.63	107,540	2.82
1:90	39,167	2.09	55,920	2.29	76,555	2.48	101,390	2.66
1:100	37,157	1.99	53,051	2.17	72,627	2.35	96,187	2.52
1:125	33,235	1.78	47,450	1.94	64,959	2.10	86,032	2.25
1:150	30,339	1.62	43,316	1.77	59,300	1.92	78,536	2.06
1:175	28,088	1.50	40,102	1.64	54,901	1.78	72,711	1.90
1:200	26,274	1.40	37,512	1.54	51,355	1.66	68,015	1.78
1:250	23,500	1.26	33,552	1.37	45,933	1.49	60,834	1.59
1:300	21,453	1.15	30,629	1.25	41,931	1.36	55,534	1.45
1:350	19,861	1.06	28,357	1.16	38,821	1.26	51,414	1.35
1:400	18,579	0.99	26,525	1.09	36,313	1.17	48,094	1.26
1:450	17,516	0.94	25,008	1.02	34,237	1.11	45,343	1.19
1:500	16,617	0.89	23,725	0.97	32,480	1.05	43,016	1.13
1:550	15,844	0.85	22,621	0.93	30,968	1.00	41,014	1.07
1:600	15,169	0.81	21,658	0.89	29,650	0.96	39,268	1.03
1:650	14,574	0.78	20,808	0.85	28,487	0.92	37,728	0.99
1:700	14,044	0.75	20,051	0.82	27,450	0.89	36,355	0.95
1:750	13,568	0.73	19,371	0.79	26,520	0.86	35,123	0.92
1:800	13,137	0.70	18,756	0.77	25,677	0.83	34,007	0.89
1:850	12,745	0.68	18,196	0.74	24,911	0.81	32,992	0.86
1:900	12,386	0.66	17,684	0.72	24,209	0.78	32,062	0.84
1:950	12,055	0.64	17,212	0.70	23,563	0.76	31,207	0.82
1:1000	11,750	0.63	16,776	0.69	22,967	0.74	30,417	0.80

(Continued)
Legend:
$\varnothing_{in}$ is the internal diameter of gravity sewer pipe
Note:
1. Pipe capacity data associated with velocity below 0.6m/s and above 4.0m/s are not shown.
2. This table uses Manning's roughness, n=0.013.

Table 2-9 (Continued)

$\varnothing_{in}$ (mm)	825		900		1050		1200	
Unit	m³/day	m/s	m³/day	m/s	m³/day	m/s	m³/day	m/s
1:15	-	-	-	-	-	-	-	-
1:20	-	-	-	-	-	-	-	-
1:30	-	-	-	-	-	-	-	-
1:40	-	-	-	-	-	-	-	-
1:50	175,393	3.80	-	-	-	-	-	-
1:60	160,111	3.47	201,926	3.67	-	-	-	-
1:70	148,234	3.21	186,947	3.40	281,996	3.77	-	-
1:80	138,660	3.00	174,873	3.18	263,783	3.53	376,610	3.85
1:90	130,730	2.83	164,872	3.00	248,697	3.32	355,071	3.63
1:100	124,022	2.69	156,411	2.85	235,935	3.15	336,850	3.45
1:125	110,928	2.40	139,898	2.55	211,026	2.82	301,288	3.08
1:150	101,263	2.19	127,709	2.32	192,640	2.57	275,037	2.81
1:175	93,752	2.03	118,236	2.15	178,350	2.38	254,635	2.61
1:200	87,697	1.90	110,599	2.01	166,831	2.23	238,189	2.44
1:250	78,438	1.70	98,923	1.80	149,218	1.99	213,043	2.18
1:300	71,604	1.55	90,304	1.64	136,217	1.82	194,481	1.99
1:350	66,292	1.44	83,605	1.52	126,112	1.69	180,054	1.84
1:400	62,011	1.34	78,205	1.42	117,967	1.58	168,425	1.72
1:450	58,464	1.27	73,733	1.34	111,221	1.49	158,793	1.63
1:500	55,464	1.20	69,949	1.27	105,513	1.41	150,644	1.54
1:550	52,883	1.14	66,694	1.21	100,603	1.34	143,633	1.47
1:600	50,632	1.10	63,854	1.16	96,320	1.29	137,519	1.41
1:650	48,645	1.05	61,349	1.12	92,541	1.24	132,124	1.35
1:700	46,876	1.01	59,118	1.08	89,175	1.19	127,317	1.30
1:750	45,286	0.98	57,113	1.04	86,151	1.15	123,000	1.26
1:800	43,848	0.95	55,300	1.01	83,415	1.11	119,095	1.22
1:850	42,539	0.92	53,648	0.98	80,925	1.08	115,539	1.18
1:900	41,341	0.90	52,137	0.95	78,645	1.05	112,283	1.15
1:950	40,238	0.87	50,746	0.92	76,547	1.02	109,289	1.12
1:1000	39,219	0.85	49,461	0.90	74,609	1.00	106,521	1.09

Legend:
$\varnothing_{in}$ is the internal diameter of gravity sewer pipe

Note:
1. Pipe capacity data associated with velocity below 0.6m/s and above 4.0m/s are not shown.
2. This table uses Manning's roughness, n=0.013.

44 | Formulation and Design Data for Civil Engineering

Table 2-10 Capacity and velocity for gravity sanitary sewer pipes under full flow with various gradients (V:H) using Manning's equation (n=0.014)

$Ø_{in}$ (mm)	225		300		375		450	
Unit	m³/day	m/s	m³/day	m/s	m³/day	m/s	m³/day	m/s
1:15	9,301	2.71	20,031	3.28	36,320	3.81	-	-
1:20	8,055	2.34	17,348	2.84	31,454	3.30	51,147	3.72
1:30	6,577	1.91	14,164	2.32	25,682	2.69	41,761	3.04
1:40	5,696	1.66	12,267	2.01	22,241	2.33	36,166	2.63
1:50	5,095	1.48	10,972	1.80	19,893	2.08	32,348	2.35
1:60	4,651	1.35	10,016	1.64	18,160	1.90	29,530	2.15
1:70	4,306	1.25	9,273	1.52	16,813	1.76	27,339	1.99
1:80	4,028	1.17	8,674	1.42	15,727	1.65	25,574	1.86
1:90	3,797	1.11	8,178	1.34	14,827	1.55	24,111	1.75
1:100	3,602	1.05	7,758	1.27	14,066	1.47	22,874	1.66
1:125	3,222	0.94	6,939	1.14	12,581	1.32	20,459	1.49
1:150	2,941	0.86	6,335	1.04	11,485	1.20	18,676	1.36
1:175	2,723	0.79	5,865	0.96	10,633	1.11	17,291	1.26
1:200	2,547	0.74	5,486	0.90	9,947	1.04	16,174	1.18
1:250	2,278	0.66	4,907	0.80	8,896	0.93	14,467	1.05
1:300	2,080	0.61	4,479	0.73	8,121	0.85	13,206	0.96
1:350	-	-	4,147	0.68	7,519	0.79	12,226	0.89
1:400	-	-	3,879	0.64	7,033	0.74	11,437	0.83
1:450	-	-	-	-	6,631	0.69	10,783	0.78
1:500	-	-	-	-	6,291	0.66	10,229	0.74
1:550	-	-	-	-	5,998	0.63	9,753	0.71
1:600	-	-	-	-	5,743	0.60	9,338	0.68
1:650	-	-	-	-	-	-	8,972	0.65
1:700	-	-	-	-	-	-	8,645	0.63
1:750	-	-	-	-	-	-	8,352	0.61
1:800	-	-	-	-	-	-	-	-
1:850	-	-	-	-	-	-	-	-
1:900	-	-	-	-	-	-	-	-
1:950	-	-	-	-	-	-	-	-
1:1000	-	-	-	-	-	-	-	-

(Continued)

Legend:
$Ø_{in}$ is the internal diameter of gravity sewer pipe

Note:
1. Pipe capacity data associated with velocity below 0.6m/s and above 4.0m/s are not shown.

Table 2-10 (Continued)

Ø$_{in}$ (mm) Unit	525 m³/day	m/s	600 m³/day	m/s	675 m³/day	m/s	750 m³/day	m/s
1:15	-	-	-	-	-	-	-	-
1:20	-	-	-	-	-	-	-	-
1:30	62,994	3.37	89,938	3.68	123,127	3.98	-	-
1:40	54,554	2.92	77,889	3.19	106,631	3.45	141,222	3.70
1:50	48,795	2.61	69,666	2.85	95,373	3.08	126,313	3.31
1:60	44,544	2.38	63,596	2.60	87,064	2.82	115,307	3.02
1:70	41,239	2.20	58,878	2.41	80,605	2.61	106,754	2.80
1:80	38,576	2.06	55,076	2.25	75,399	2.44	99,859	2.62
1:90	36,370	1.94	51,926	2.13	71,087	2.30	94,148	2.47
1:100	34,503	1.84	49,261	2.02	67,439	2.18	89,317	2.34
1:125	30,861	1.65	44,061	1.80	60,319	1.95	79,887	2.09
1:150	28,172	1.51	40,222	1.65	55,064	1.78	72,927	1.91
1:175	26,082	1.39	37,238	1.52	50,979	1.65	67,517	1.77
1:200	24,398	1.30	34,833	1.43	47,687	1.54	63,156	1.65
1:250	21,822	1.17	31,156	1.28	42,652	1.38	56,489	1.48
1:300	19,920	1.07	28,441	1.16	38,936	1.26	51,567	1.35
1:350	18,443	0.99	26,331	1.08	36,048	1.17	47,742	1.25
1:400	17,252	0.92	24,631	1.01	33,720	1.09	44,658	1.17
1:450	16,265	0.87	23,222	0.95	31,791	1.03	42,104	1.10
1:500	15,430	0.82	22,030	0.90	30,160	0.98	39,944	1.05
1:550	14,712	0.79	21,005	0.86	28,756	0.93	38,085	1.00
1:600	14,086	0.75	20,111	0.82	27,532	0.89	36,463	0.96
1:650	13,533	0.72	19,322	0.79	26,452	0.86	35,033	0.92
1:700	13,041	0.70	18,619	0.76	25,490	0.82	33,759	0.88
1:750	12,599	0.67	17,988	0.74	24,625	0.80	32,614	0.85
1:800	12,199	0.65	17,416	0.71	23,843	0.77	31,578	0.83
1:850	11,835	0.63	16,896	0.69	23,131	0.75	30,635	0.80
1:900	11,501	0.61	16,420	0.67	22,480	0.73	29,772	0.78
1:950	-	-	15,982	0.65	21,880	0.71	28,978	0.76
1:1000	-	-	15,578	0.64	21,326	0.69	28,244	0.74

(Continued)
Legend:
Ø$_{in}$ is the internal diameter of gravity sewer pipe
Note:
1. Pipe capacity data associated with velocity below 0.6m/s and above 4.0m/s are not shown.
2. This table uses Manning's roughness, n=0.014.

Formulation and Design Data for Civil Engineering

Table 2-10 (Continued)

$\varnothing_{in}$ (mm)	825		900		1050		1200	
Unit	m³/day	m/s	m³/day	m/s	m³/day	m/s	m³/day	m/s
1:15	-	-	-	-	-	-	-	-
1:20	-	-	-	-	-	-	-	-
1:30	-	-	-	-	-	-	-	-
1:40	182,089	3.94	-	-	-	-	-	-
1:50	162,865	3.53	205,399	3.74	-	-	-	-
1:60	148,675	3.22	187,502	3.41	282,834	3.78	-	-
1:70	137,646	2.98	173,593	3.16	261,853	3.50	373,855	3.83
1:80	128,756	2.79	162,382	2.95	244,941	3.27	349,709	3.58
1:90	121,392	2.63	153,095	2.79	230,933	3.09	329,709	3.37
1:100	115,163	2.49	145,239	2.64	219,082	2.93	312,790	3.20
1:125	103,005	2.23	129,905	2.36	195,953	2.62	279,767	2.86
1:150	94,030	2.04	118,587	2.16	178,880	2.39	255,392	2.61
1:175	87,055	1.88	109,790	2.00	165,611	2.21	236,447	2.42
1:200	81,433	1.76	102,699	1.87	154,914	2.07	221,176	2.26
1:250	72,835	1.58	91,857	1.67	138,560	1.85	197,825	2.02
1:300	66,489	1.44	83,854	1.53	126,487	1.69	180,589	1.85
1:350	61,557	1.33	77,633	1.41	117,104	1.57	167,193	1.71
1:400	57,581	1.25	72,619	1.32	109,541	1.46	156,395	1.60
1:450	54,288	1.18	68,466	1.25	103,276	1.38	147,450	1.51
1:500	51,502	1.12	64,953	1.18	97,977	1.31	139,884	1.43
1:550	49,106	1.06	61,930	1.13	93,417	1.25	133,374	1.36
1:600	47,015	1.02	59,293	1.08	89,440	1.20	127,696	1.31
1:650	45,171	0.98	56,967	1.04	85,931	1.15	122,686	1.26
1:700	43,528	0.94	54,895	1.00	82,805	1.11	118,223	1.21
1:750	42,052	0.91	53,034	0.96	79,998	1.07	114,215	1.17
1:800	40,716	0.88	51,350	0.93	77,457	1.04	110,588	1.13
1:850	39,501	0.86	49,816	0.91	75,145	1.00	107,286	1.10
1:900	38,388	0.83	48,413	0.88	73,027	0.98	104,263	1.07
1:950	37,364	0.81	47,122	0.86	71,080	0.95	101,482	1.04
1:1000	36,418	0.79	45,929	0.84	69,280	0.93	98,913	1.01

Legend:
$\varnothing_{in}$ is the internal diameter of gravity sewer pipe

Note:
1. Pipe capacity data associated with velocity below 0.6m/s and above 4.0m/s are not shown.
2. This table uses Manning's roughness, n=0.014.

Sanitary Sewer System | 47

Table 2-11 Pipe gradient (V:H) required to achieve various full flow velocity for gravity sanitary sewer pipes using Hazen-Williams equation (C=100)

$Ø_{in}$ (mm)	225	300	375	450	525	600
A (m²)	0.040	0.071	0.110	0.159	0.216	0.283
P (m)	0.707	0.942	1.178	1.414	1.649	1.885
R (m)	0.056	0.075	0.094	0.113	0.131	0.150
Unit	Gradient (V:H)	Gradient (V:H)	Gradient (V:H)	Gradient (V:H)	Gradient (V:H)	Gradient (V:H)
0.6 m/s	1:335	1:468	1:607	1:751	1:899	1:1,051
0.7 m/s	1:252	1:352	1:457	1:565	1:676	1:790
0.8 m/s	1:196	1:275	1:357	1:441	1:528	1:617
0.9 m/s	1:158	1:221	1:287	1:355	1:425	1:496
1.0 m/s	1:130	1:182	1:236	1:292	1:349	1:408
1.1 m/s	1:109	1:152	1:198	1:245	1:293	1:342
1.2 m/s	1:93	1:130	1:168	1:208	1:249	1:291
1.3 m/s	1:80	1:112	1:145	1:179	1:215	1:251
1.4 m/s	1:70	1:98	1:126	1:156	1:187	1:219
1.5 m/s	1:61	1:86	1:111	1:138	1:165	1:193
1.6 m/s	1:54	1:76	1:99	1:122	1:146	1:171
1.7 m/s	1:49	1:68	1:88	1:109	1:131	1:153
1.8 m/s	1:44	1:61	1:79	1:98	1:118	1:137
1.9 m/s	1:40	1:55	1:72	1:89	1:106	1:124
2.0 m/s	1:36	1:50	1:65	1:81	1:97	1:113
2.1 m/s	1:33	1:46	1:60	1:74	1:88	1:103
2.2 m/s	1:30	1:42	1:55	1:68	1:81	1:95
2.3 m/s	1:28	1:39	1:50	1:62	1:75	1:87
2.4 m/s	1:26	1:36	1:47	1:58	1:69	1:81
2.5 m/s	1:24	1:33	1:43	1:53	1:64	1:75
2.6 m/s	1:22	1:31	1:40	1:50	1:60	1:70
2.7 m/s	1:21	1:29	1:37	1:46	1:56	1:65
2.8 m/s	1:19	1:27	1:35	1:43	1:52	1:61
2.9 m/s	1:18	1:25	1:33	1:41	1:49	1:57
3.0 m/s	1:17	1:24	1:31	1:38	1:46	1:53
3.1 m/s	1:16	1:22	1:29	1:36	1:43	1:50
3.2 m/s	1:15	1:21	1:27	1:34	1:41	1:47
3.3 m/s	1:14	1:20	1:26	1:32	1:38	1:45
3.4 m/s	1:13	1:19	1:24	1:30	1:36	1:42
3.5 m/s	1:13	1:18	1:23	1:29	1:34	1:40
3.6 m/s	1:12	1:17	1:22	1:27	1:33	1:38
3.7 m/s	1:12	1:16	1:21	1:26	1:31	1:36
3.8 m/s	1:11	1:15	1:20	1:25	1:29	1:34
3.9 m/s	1:10	1:15	1:19	1:23	1:28	1:33
4.0 m/s	1:10	1:14	1:18	1:22	1:27	1:31

(Continued)

Legend:
$Ø_{in}$ is the internal diameter of gravity sewer pipe
A is the cross-sectional area of gravity sewer pipe
P is the wetted perimeter of gravity sewer pipe
R is the hydraulic radius of gravity sewer pipe

48 | Formulation and Design Data for Civil Engineering

Table 2-11 (Continued)

$Ø_{in}$ (mm)	675	750	825	900	1050	1200
A (m²)	0.358	0.442	0.535	0.636	0.866	1.131
P (m)	2.121	2.356	2.592	2.827	3.299	3.770
R (m)	0.169	0.188	0.206	0.225	0.263	0.300
Unit	Gradient (V:H)	Gradient (V:H)	Gradient (V:H)	Gradient (V:H)	Gradient (V:H)	Gradient (V:H)
0.6 m/s	1:1,206	1:1,364	1:1,524	1:1,687	1:2,019	1:2,360
0.7 m/s	1:906	1:1,025	1:1,146	1:1,268	1:1,518	1:1,774
0.8 m/s	1:708	1:800	1:895	1:990	1:1,185	1:1,385
0.9 m/s	1:569	1:644	1:719	1:796	1:953	1:1,114
1.0 m/s	1:468	1:530	1:592	1:655	1:784	1:916
1.1 m/s	1:393	1:444	1:496	1:549	1:657	1:768
1.2 m/s	1:334	1:378	1:422	1:467	1:559	1:654
1.3 m/s	1:288	1:326	1:364	1:403	1:482	1:564
1.4 m/s	1:251	1:284	1:317	1:351	1:420	1:491
1.5 m/s	1:221	1:250	1:279	1:309	1:370	1:432
1.6 m/s	1:196	1:222	1:248	1:274	1:328	1:384
1.7 m/s	1:175	1:198	1:222	1:245	1:294	1:343
1.8 m/s	1:158	1:178	1:199	1:221	1:264	1:309
1.9 m/s	1:143	1:161	1:180	1:200	1:239	1:279
2.0 m/s	1:130	1:147	1:164	1:181	1:217	1:254
2.1 m/s	1:119	1:134	1:150	1:166	1:198	1:232
2.2 m/s	1:109	1:123	1:137	1:152	1:182	1:213
2.3 m/s	1:100	1:113	1:127	1:140	1:168	1:196
2.4 m/s	1:93	1:105	1:117	1:129	1:155	1:181
2.5 m/s	1:86	1:97	1:108	1:120	1:144	1:168
2.6 m/s	1:80	1:90	1:101	1:112	1:134	1:156
2.7 m/s	1:74	1:84	1:94	1:104	1:125	1:146
2.8 m/s	1:70	1:79	1:88	1:97	1:116	1:136
2.9 m/s	1:65	1:74	1:82	1:91	1:109	1:128
3.0 m/s	1:61	1:69	1:77	1:86	1:103	1:120
3.1 m/s	1:58	1:65	1:73	1:81	1:96	1:113
3.2 m/s	1:54	1:61	1:69	1:76	1:91	1:106
3.3 m/s	1:51	1:58	1:65	1:72	1:86	1:100
3.4 m/s	1:49	1:55	1:61	1:68	1:81	1:95
3.5 m/s	1:46	1:52	1:58	1:64	1:77	1:90
3.6 m/s	1:44	1:49	1:55	1:61	1:73	1:85
3.7 m/s	1:42	1:47	1:52	1:58	1:70	1:81
3.8 m/s	1:40	1:45	1:50	1:55	1:66	1:77
3.9 m/s	1:38	1:43	1:48	1:53	1:63	1:74
4.0 m/s	1:36	1:41	1:45	1:50	1:60	1:70

Legend:
$Ø_{in}$ is the internal diameter of gravity sewer pipe
A is the cross-sectional area of gravity sewer pipe
P is the wetted perimeter of gravity sewer pipe
R is the hydraulic radius of gravity sewer pipe
Note:
1. This table uses Hazen-Williams coefficient, C=100.

Sanitary Sewer System | 49

Table 2-12 Pipe gradient (V:H) required to achieve various full flow velocity for gravity sanitary sewer pipes using Hazen-Williams equation (C=110)

$\varnothing_{in}$ (mm)	225	300	375	450	525	600
A (m²)	0.040	0.071	0.110	0.159	0.216	0.283
P (m)	0.707	0.942	1.178	1.414	1.649	1.885
R (m)	0.056	0.075	0.094	0.113	0.131	0.150
Unit	Gradient (V:H)	Gradient (V:H)	Gradient (V:H)	Gradient (V:H)	Gradient (V:H)	Gradient (V:H)
0.6 m/s	1:399	1:559	1:725	1:896	1:1,073	1:1,254
0.7 m/s	1:300	1:420	1:545	1:674	1:807	1:943
0.8 m/s	1:234	1:328	1:425	1:526	1:630	1:736
0.9 m/s	1:188	1:264	1:342	1:423	1:506	1:592
1.0 m/s	1:155	1:217	1:281	1:348	1:417	1:487
1.1 m/s	1:130	1:182	1:236	1:292	1:349	1:408
1.2 m/s	1:111	1:155	1:201	1:248	1:297	1:347
1.3 m/s	1:95	1:133	1:173	1:214	1:256	1:300
1.4 m/s	1:83	1:116	1:151	1:187	1:223	1:261
1.5 m/s	1:73	1:102	1:133	1:164	1:197	1:230
1.6 m/s	1:65	1:91	1:118	1:146	1:175	1:204
1.7 m/s	1:58	1:81	1:105	1:130	1:156	1:182
1.8 m/s	1:52	1:73	1:95	1:117	1:140	1:164
1.9 m/s	1:47	1:66	1:86	1:106	1:127	1:148
2.0 m/s	1:43	1:60	1:78	1:96	1:115	1:135
2.1 m/s	1:39	1:55	1:71	1:88	1:105	1:123
2.2 m/s	1:36	1:50	1:65	1:81	1:97	1:113
2.3 m/s	1:33	1:46	1:60	1:74	1:89	1:104
2.4 m/s	1:31	1:43	1:56	1:69	1:82	1:96
2.5 m/s	1:28	1:40	1:52	1:64	1:76	1:89
2.6 m/s	1:26	1:37	1:48	1:59	1:71	1:83
2.7 m/s	1:25	1:34	1:45	1:55	1:66	1:77
2.8 m/s	1:23	1:32	1:42	1:52	1:62	1:72
2.9 m/s	1:22	1:30	1:39	1:48	1:58	1:68
3.0 m/s	1:20	1:28	1:37	1:46	1:54	1:64
3.1 m/s	1:19	1:27	1:35	1:43	1:51	1:60
3.2 m/s	1:18	1:25	1:33	1:40	1:48	1:56
3.3 m/s	1:17	1:24	1:31	1:38	1:46	1:53
3.4 m/s	1:16	1:22	1:29	1:36	1:43	1:50
3.5 m/s	1:15	1:21	1:28	1:34	1:41	1:48
3.6 m/s	1:14	1:20	1:26	1:32	1:39	1:45
3.7 m/s	1:14	1:19	1:25	1:31	1:37	1:43
3.8 m/s	1:13	1:18	1:24	1:29	1:35	1:41
3.9 m/s	1:12	1:17	1:23	1:28	1:34	1:39
4.0 m/s	1:12	1:17	1:22	1:27	1:32	1:37

(Continued)

Legend:
$\varnothing_{in}$ is the internal diameter of gravity sewer pipe
A is the cross-sectional area of gravity sewer pipe
P is the wetted perimeter of gravity sewer pipe
R is the hydraulic radius of gravity sewer pipe

50 | Formulation and Design Data for Civil Engineering

Table 2-12 (Continued)

$\varnothing_{in}$ (mm)	675	750	825	900	1050	1200
A (m²)	0.358	0.442	0.535	0.636	0.866	1.131
P (m)	2.121	2.356	2.592	2.827	3.299	3.770
R (m)	0.169	0.188	0.206	0.225	0.263	0.300
Unit	Gradient (V:H)	Gradient (V:H)	Gradient (V:H)	Gradient (V:H)	Gradient (V:H)	Gradient (V:H)
0.6 m/s	1:1,439	1:1,627	1:1,818	1:2,013	1:2,409	1:2,815
0.7 m/s	1:1,081	1:1,223	1:1,367	1:1,513	1:1,811	1:2,116
0.8 m/s	1:845	1:955	1:1,067	1:1,181	1:1,414	1:1,653
0.9 m/s	1:679	1:768	1:858	1:950	1:1,137	1:1,329
1.0 m/s	1:559	1:632	1:706	1:781	1:935	1:1,093
1.1 m/s	1:468	1:530	1:592	1:655	1:784	1:916
1.2 m/s	1:399	1:451	1:504	1:558	1:667	1:780
1.3 m/s	1:344	1:389	1:434	1:481	1:575	1:672
1.4 m/s	1:300	1:339	1:379	1:419	1:502	1:586
1.5 m/s	1:264	1:298	1:333	1:369	1:441	1:516
1.6 m/s	1:234	1:265	1:296	1:327	1:392	1:458
1.7 m/s	1:209	1:236	1:264	1:293	1:350	1:409
1.8 m/s	1:188	1:213	1:238	1:263	1:315	1:368
1.9 m/s	1:170	1:192	1:215	1:238	1:285	1:333
2.0 m/s	1:155	1:175	1:196	1:216	1:259	1:303
2.1 m/s	1:141	1:160	1:179	1:198	1:237	1:277
2.2 m/s	1:130	1:147	1:164	1:181	1:217	1:254
2.3 m/s	1:119	1:135	1:151	1:167	1:200	1:234
2.4 m/s	1:110	1:125	1:140	1:154	1:185	1:216
2.5 m/s	1:102	1:116	1:129	1:143	1:171	1:200
2.6 m/s	1:95	1:108	1:120	1:133	1:159	1:186
2.7 m/s	1:89	1:100	1:112	1:124	1:149	1:174
2.8 m/s	1:83	1:94	1:105	1:116	1:139	1:162
2.9 m/s	1:78	1:88	1:98	1:109	1:130	1:152
3.0 m/s	1:73	1:83	1:92	1:102	1:122	1:143
3.1 m/s	1:69	1:78	1:87	1:96	1:115	1:135
3.2 m/s	1:65	1:73	1:82	1:91	1:109	1:127
3.3 m/s	1:61	1:69	1:77	1:86	1:103	1:120
3.4 m/s	1:58	1:66	1:73	1:81	1:97	1:113
3.5 m/s	1:55	1:62	1:69	1:77	1:92	1:107
3.6 m/s	1:52	1:59	1:66	1:73	1:87	1:102
3.7 m/s	1:50	1:56	1:63	1:69	1:83	1:97
3.8 m/s	1:47	1:53	1:60	1:66	1:79	1:92
3.9 m/s	1:45	1:51	1:57	1:63	1:75	1:88
4.0 m/s	1:43	1:48	1:54	1:60	1:72	1:84

Legend:
$\varnothing_{in}$ is the internal diameter of gravity sewer pipe
A is the cross-sectional area of gravity sewer pipe
P is the wetted perimeter of gravity sewer pipe
R is the hydraulic radius of gravity sewer pipe
Note:
1. This table uses Hazen-Williams coefficient, C=110.

Sanitary Sewer System | 51

Table 2-13 Pipe gradient (V:H) required to achieve various full flow velocity for gravity sanitary sewer pipes using Hazen-Williams equation (C=120)

$\varnothing_{in}$ (mm)	225	300	375	450	525	600
A (m²)	0.040	0.071	0.110	0.159	0.216	0.283
P (m)	0.707	0.942	1.178	1.414	1.649	1.885
R (m)	0.056	0.075	0.094	0.113	0.131	0.150
Unit	Gradient (V:H)	Gradient (V:H)	Gradient (V:H)	Gradient (V:H)	Gradient (V:H)	Gradient (V:H)
0.6 m/s	1:469	1:656	1:851	1:1,053	1:1,261	1:1,473
0.7 m/s	1:353	1:493	1:640	1:792	1:948	1:1,107
0.8 m/s	1:275	1:385	1:500	1:618	1:740	1:865
0.9 m/s	1:221	1:310	1:402	1:497	1:595	1:695
1.0 m/s	1:182	1:255	1:331	1:409	1:490	1:572
1.1 m/s	1:153	1:214	1:277	1:343	1:410	1:480
1.2 m/s	1:130	1:182	1:236	1:292	1:349	1:408
1.3 m/s	1:112	1:157	1:203	1:252	1:301	1:352
1.4 m/s	1:98	1:137	1:177	1:219	1:263	1:307
1.5 m/s	1:86	1:120	1:156	1:193	1:231	1:270
1.6 m/s	1:76	1:107	1:138	1:171	1:205	1:240
1.7 m/s	1:68	1:95	1:124	1:153	1:183	1:214
1.8 m/s	1:61	1:86	1:111	1:138	1:165	1:193
1.9 m/s	1:55	1:78	1:101	1:125	1:149	1:174
2.0 m/s	1:50	1:71	1:92	1:113	1:136	1:158
2.1 m/s	1:46	1:64	1:84	1:104	1:124	1:145
2.2 m/s	1:42	1:59	1:77	1:95	1:114	1:133
2.3 m/s	1:39	1:54	1:71	1:87	1:105	1:122
2.4 m/s	1:36	1:50	1:65	1:81	1:97	1:113
2.5 m/s	1:33	1:47	1:61	1:75	1:90	1:105
2.6 m/s	1:31	1:43	1:56	1:70	1:83	1:97
2.7 m/s	1:29	1:40	1:53	1:65	1:78	1:91
2.8 m/s	1:27	1:38	1:49	1:61	1:73	1:85
2.9 m/s	1:25	1:35	1:46	1:57	1:68	1:80
3.0 m/s	1:24	1:33	1:43	1:53	1:64	1:75
3.1 m/s	1:22	1:31	1:41	1:50	1:60	1:70
3.2 m/s	1:21	1:30	1:38	1:47	1:57	1:66
3.3 m/s	1:20	1:28	1:36	1:45	1:54	1:63
3.4 m/s	1:19	1:26	1:34	1:42	1:51	1:59
3.5 m/s	1:18	1:25	1:32	1:40	1:48	1:56
3.6 m/s	1:17	1:24	1:31	1:38	1:46	1:53
3.7 m/s	1:16	1:23	1:29	1:36	1:43	1:51
3.8 m/s	1:15	1:22	1:28	1:35	1:41	1:48
3.9 m/s	1:15	1:20	1:27	1:33	1:39	1:46
4.0 m/s	1:14	1:20	1:25	1:31	1:38	1:44

(Continued)

Legend:
$\varnothing_{in}$ is the internal diameter of gravity sewer pipe
A is the cross-sectional area of gravity sewer pipe
P is the wetted perimeter of gravity sewer pipe
R is the hydraulic radius of gravity sewer pipe

Formulation and Design Data for Civil Engineering

Table 2-13 (Continued)

$Ø_{in}$ (mm)	675	750	825	900	1050	1200
A (m²)	0.358	0.442	0.535	0.636	0.866	1.131
P (m)	2.121	2.356	2.592	2.827	3.299	3.770
R (m)	0.169	0.188	0.206	0.225	0.263	0.300
Unit	Gradient (V:H)	Gradient (V:H)	Gradient (V:H)	Gradient (V:H)	Gradient (V:H)	Gradient (V:H)
0.6 m/s	1:1,690	1:1,911	1:2,136	1:2,364	1:2,830	1:3,307
0.7 m/s	1:1,271	1:1,437	1:1,606	1:1,777	1:2,127	1:2,486
0.8 m/s	1:992	1:1,122	1:1,254	1:1,388	1:1,661	1:1,941
0.9 m/s	1:798	1:902	1:1,008	1:1,116	1:1,336	1:1,561
1.0 m/s	1:656	1:742	1:829	1:918	1:1,099	1:1,284
1.1 m/s	1:550	1:622	1:695	1:770	1:921	1:1,076
1.2 m/s	1:468	1:530	1:592	1:655	1:784	1:916
1.3 m/s	1:404	1:457	1:510	1:565	1:676	1:790
1.4 m/s	1:352	1:398	1:445	1:492	1:589	1:689
1.5 m/s	1:310	1:350	1:391	1:433	1:519	1:606
1.6 m/s	1:275	1:311	1:347	1:384	1:460	1:538
1.7 m/s	1:246	1:278	1:310	1:344	1:411	1:481
1.8 m/s	1:221	1:250	1:279	1:309	1:370	1:432
1.9 m/s	1:200	1:226	1:253	1:280	1:335	1:391
2.0 m/s	1:182	1:206	1:230	1:254	1:304	1:356
2.1 m/s	1:166	1:188	1:210	1:232	1:278	1:325
2.2 m/s	1:152	1:172	1:193	1:213	1:255	1:298
2.3 m/s	1:140	1:159	1:177	1:196	1:235	1:275
2.4 m/s	1:130	1:147	1:164	1:181	1:217	1:254
2.5 m/s	1:120	1:136	1:152	1:168	1:201	1:235
2.6 m/s	1:112	1:126	1:141	1:156	1:187	1:219
2.7 m/s	1:104	1:118	1:132	1:146	1:175	1:204
2.8 m/s	1:98	1:110	1:123	1:136	1:163	1:191
2.9 m/s	1:91	1:103	1:115	1:128	1:153	1:179
3.0 m/s	1:86	1:97	1:108	1:120	1:144	1:168
3.1 m/s	1:81	1:91	1:102	1:113	1:135	1:158
3.2 m/s	1:76	1:86	1:96	1:107	1:128	1:149
3.3 m/s	1:72	1:81	1:91	1:101	1:120	1:141
3.4 m/s	1:68	1:77	1:86	1:95	1:114	1:133
3.5 m/s	1:65	1:73	1:82	1:90	1:108	1:126
3.6 m/s	1:61	1:69	1:77	1:86	1:103	1:120
3.7 m/s	1:58	1:66	1:74	1:81	1:97	1:114
3.8 m/s	1:55	1:63	1:70	1:77	1:93	1:108
3.9 m/s	1:53	1:60	1:67	1:74	1:88	1:103
4.0 m/s	1:50	1:57	1:64	1:70	1:84	1:99

Legend:
$Ø_{in}$ is the internal diameter of gravity sewer pipe
A is the cross-sectional area of gravity sewer pipe
P is the wetted perimeter of gravity sewer pipe
R is the hydraulic radius of gravity sewer pipe
Note:
1. This table uses Hazen-Williams coefficient, C=120.

Table 2-14 Pipe gradient (V:H) required to achieve various full flow velocity for gravity sanitary sewer pipes using Hazen-Williams equation (C=130)

$\varnothing_{in}$ (mm)	225	300	375	450	525	600
A (m²)	0.040	0.071	0.110	0.159	0.216	0.283
P (m)	0.707	0.942	1.178	1.414	1.649	1.885
R (m)	0.056	0.075	0.094	0.113	0.131	0.150
Unit	Gradient (V:H)	Gradient (V:H)	Gradient (V:H)	Gradient (V:H)	Gradient (V:H)	Gradient (V:H)
0.6 m/s	1:544	1:761	1:987	1:1,222	1:1,462	1:1,709
0.7 m/s	1:409	1:572	1:742	1:918	1:1,099	1:1,284
0.8 m/s	1:319	1:447	1:580	1:717	1:858	1:1,003
0.9 m/s	1:257	1:359	1:466	1:577	1:690	1:806
1.0 m/s	1:211	1:296	1:383	1:474	1:568	1:663
1.1 m/s	1:177	1:248	1:321	1:398	1:476	1:556
1.2 m/s	1:151	1:211	1:274	1:338	1:405	1:473
1.3 m/s	1:130	1:182	1:236	1:292	1:349	1:408
1.4 m/s	1:113	1:158	1:206	1:254	1:304	1:356
1.5 m/s	1:100	1:139	1:181	1:224	1:268	1:313
1.6 m/s	1:88	1:124	1:161	1:199	1:238	1:278
1.7 m/s	1:79	1:111	1:144	1:178	1:213	1:248
1.8 m/s	1:71	1:100	1:129	1:160	1:191	1:223
1.9 m/s	1:64	1:90	1:117	1:144	1:173	1:202
2.0 m/s	1:59	1:82	1:106	1:131	1:157	1:184
2.1 m/s	1:53	1:75	1:97	1:120	1:144	1:168
2.2 m/s	1:49	1:69	1:89	1:110	1:132	1:154
2.3 m/s	1:45	1:63	1:82	1:101	1:121	1:142
2.4 m/s	1:42	1:58	1:76	1:94	1:112	1:131
2.5 m/s	1:39	1:54	1:70	1:87	1:104	1:122
2.6 m/s	1:36	1:50	1:65	1:81	1:97	1:113
2.7 m/s	1:34	1:47	1:61	1:75	1:90	1:105
2.8 m/s	1:31	1:44	1:57	1:70	1:84	1:99
2.9 m/s	1:29	1:41	1:53	1:66	1:79	1:92
3.0 m/s	1:28	1:39	1:50	1:62	1:74	1:87
3.1 m/s	1:26	1:36	1:47	1:58	1:70	1:82
3.2 m/s	1:25	1:34	1:44	1:55	1:66	1:77
3.3 m/s	1:23	1:32	1:42	1:52	1:62	1:73
3.4 m/s	1:22	1:31	1:40	1:49	1:59	1:69
3.5 m/s	1:21	1:29	1:38	1:47	1:56	1:65
3.6 m/s	1:20	1:28	1:36	1:44	1:53	1:62
3.7 m/s	1:19	1:26	1:34	1:42	1:50	1:59
3.8 m/s	1:18	1:25	1:32	1:40	1:48	1:56
3.9 m/s	1:17	1:24	1:31	1:38	1:46	1:53
4.0 m/s	1:16	1:23	1:29	1:36	1:44	1:51

(Continued)
Legend:
$\varnothing_{in}$ is the internal diameter of gravity sewer pipe
A is the cross-sectional area of gravity sewer pipe
P is the wetted perimeter of gravity sewer pipe
R is the hydraulic radius of gravity sewer pipe

Table 2-14 (Continued)

$Ø_{in}$ (mm)	675	750	825	900	1050	1200
A (m^2)	0.358	0.442	0.535	0.636	0.866	1.131
P (m)	2.121	2.356	2.592	2.827	3.299	3.770
R (m)	0.169	0.188	0.206	0.225	0.263	0.300
Unit	Gradient (V:H)	Gradient (V:H)	Gradient (V:H)	Gradient (V:H)	Gradient (V:H)	Gradient (V:H)
0.6 m/s	1:1,960	1:2,217	1:2,478	1:2,742	1:3,283	1:3,836
0.7 m/s	1:1,474	1:1,666	1:1,862	1:2,061	1:2,467	1:2,883
0.8 m/s	1:1,151	1:1,301	1:1,454	1:1,610	1:1,927	1:2,252
0.9 m/s	1:925	1:1,046	1:1,169	1:1,294	1:1,549	1:1,810
1.0 m/s	1:761	1:861	1:962	1:1,065	1:1,275	1:1,489
1.1 m/s	1:638	1:722	1:806	1:893	1:1,068	1:1,248
1.2 m/s	1:543	1:614	1:686	1:760	1:909	1:1,063
1.3 m/s	1:468	1:530	1:592	1:655	1:784	1:916
1.4 m/s	1:408	1:462	1:516	1:571	1:684	1:799
1.5 m/s	1:359	1:406	1:454	1:503	1:602	1:703
1.6 m/s	1:319	1:360	1:403	1:446	1:534	1:624
1.7 m/s	1:285	1:322	1:360	1:399	1:477	1:558
1.8 m/s	1:256	1:290	1:324	1:359	1:429	1:502
1.9 m/s	1:232	1:262	1:293	1:324	1:388	1:454
2.0 m/s	1:211	1:238	1:267	1:295	1:353	1:413
2.1 m/s	1:193	1:218	1:243	1:270	1:323	1:377
2.2 m/s	1:177	1:200	1:223	1:247	1:296	1:346
2.3 m/s	1:163	1:184	1:206	1:228	1:273	1:319
2.4 m/s	1:150	1:170	1:190	1:210	1:252	1:294
2.5 m/s	1:140	1:158	1:176	1:195	1:234	1:273
2.6 m/s	1:130	1:147	1:164	1:181	1:217	1:254
2.7 m/s	1:121	1:137	1:153	1:169	1:203	1:237
2.8 m/s	1:113	1:128	1:143	1:158	1:189	1:221
2.9 m/s	1:106	1:120	1:134	1:148	1:177	1:207
3.0 m/s	1:100	1:113	1:126	1:139	1:167	1:195
3.1 m/s	1:94	1:106	1:118	1:131	1:157	1:183
3.2 m/s	1:88	1:100	1:112	1:124	1:148	1:173
3.3 m/s	1:83	1:94	1:105	1:117	1:140	1:163
3.4 m/s	1:79	1:89	1:100	1:110	1:132	1:154
3.5 m/s	1:75	1:85	1:95	1:105	1:125	1:146
3.6 m/s	1:71	1:80	1:90	1:99	1:119	1:139
3.7 m/s	1:67	1:76	1:85	1:94	1:113	1:132
3.8 m/s	1:64	1:73	1:81	1:90	1:108	1:126
3.9 m/s	1:61	1:69	1:77	1:86	1:103	1:120
4.0 m/s	1:58	1:66	1:74	1:82	1:98	1:114

Legend:
$Ø_{in}$ is the internal diameter of gravity sewer pipe
A is the cross-sectional area of gravity sewer pipe
P is the wetted perimeter of gravity sewer pipe
R is the hydraulic radius of gravity sewer pipe
Note:
1. This table uses Hazen-Williams coefficient, C=130.

Sanitary Sewer System | 55

Table 2-15 Pipe gradient (V:H) required to achieve various full flow velocity for gravity sanitary sewer pipes using Hazen-Williams equation (C=140)

$\varnothing_{in}$ (mm)	225	300	375	450	525	600
A (m²)	0.040	0.071	0.110	0.159	0.216	0.283
P (m)	0.707	0.942	1.178	1.414	1.649	1.885
R (m)	0.056	0.075	0.094	0.113	0.131	0.150
Unit	Gradient (V:H)	Gradient (V:H)	Gradient (V:H)	Gradient (V:H)	Gradient (V:H)	Gradient (V:H)
0.6 m/s	1:624	1:873	1:1,133	1:1,401	1:1,677	1:1,960
0.7 m/s	1:469	1:656	1:851	1:1,053	1:1,261	1:1,473
0.8 m/s	1:366	1:512	1:665	1:822	1:985	1:1,151
0.9 m/s	1:295	1:412	1:535	1:661	1:792	1:925
1.0 m/s	1:242	1:339	1:440	1:544	1:651	1:761
1.1 m/s	1:203	1:284	1:369	1:456	1:546	1:638
1.2 m/s	1:173	1:242	1:314	1:388	1:465	1:543
1.3 m/s	1:149	1:209	1:271	1:335	1:401	1:468
1.4 m/s	1:130	1:182	1:236	1:292	1:349	1:408
1.5 m/s	1:114	1:160	1:208	1:257	1:307	1:359
1.6 m/s	1:102	1:142	1:184	1:228	1:273	1:319
1.7 m/s	1:91	1:127	1:165	1:204	1:244	1:285
1.8 m/s	1:82	1:114	1:148	1:183	1:219	1:256
1.9 m/s	1:74	1:103	1:134	1:166	1:198	1:232
2.0 m/s	1:67	1:94	1:122	1:151	1:180	1:211
2.1 m/s	1:61	1:86	1:111	1:138	1:165	1:193
2.2 m/s	1:56	1:79	1:102	1:126	1:151	1:177
2.3 m/s	1:52	1:73	1:94	1:116	1:139	1:163
2.4 m/s	1:48	1:67	1:87	1:108	1:129	1:150
2.5 m/s	1:44	1:62	1:81	1:100	1:119	1:139
2.6 m/s	1:41	1:58	1:75	1:93	1:111	1:130
2.7 m/s	1:39	1:54	1:70	1:86	1:104	1:121
2.8 m/s	1:36	1:50	1:65	1:81	1:97	1:113
2.9 m/s	1:34	1:47	1:61	1:76	1:91	1:106
3.0 m/s	1:32	1:44	1:58	1:71	1:85	1:100
3.1 m/s	1:30	1:42	1:54	1:67	1:80	1:94
3.2 m/s	1:28	1:39	1:51	1:63	1:76	1:88
3.3 m/s	1:27	1:37	1:48	1:60	1:71	1:83
3.4 m/s	1:25	1:35	1:46	1:56	1:68	1:79
3.5 m/s	1:24	1:33	1:43	1:53	1:64	1:75
3.6 m/s	1:23	1:32	1:41	1:51	1:61	1:71
3.7 m/s	1:21	1:30	1:39	1:48	1:58	1:67
3.8 m/s	1:20	1:29	1:37	1:46	1:55	1:64
3.9 m/s	1:19	1:27	1:35	1:44	1:52	1:61
4.0 m/s	1:19	1:26	1:34	1:42	1:50	1:58

(Continued)
Legend:
$\varnothing_{in}$ is the internal diameter of gravity sewer pipe
A is the cross-sectional area of gravity sewer pipe
P is the wetted perimeter of gravity sewer pipe
R is the hydraulic radius of gravity sewer pipe

56 | Formulation and Design Data for Civil Engineering

Table 2-15 (Continued)

$Ø_{in}$ (mm)	675	750	825	900	1050	1200
A (m^2)	0.358	0.442	0.535	0.636	0.866	1.131
P (m)	2.121	2.356	2.592	2.827	3.299	3.770
R (m)	0.169	0.188	0.206	0.225	0.263	0.300
Unit	Gradient (V:H)	Gradient (V:H)	Gradient (V:H)	Gradient (V:H)	Gradient (V:H)	Gradient (V:H)
0.6 m/s	1:2,249	1:2,543	1:2,842	1:3,146	1:3,765	1:4,400
0.7 m/s	1:1,690	1:1,911	1:2,136	1:2,364	1:2,830	1:3,307
0.8 m/s	1:1,320	1:1,493	1:1,668	1:1,846	1:2,210	1:2,583
0.9 m/s	1:1,061	1:1,200	1:1,341	1:1,485	1:1,777	1:2,077
1.0 m/s	1:873	1:987	1:1,104	1:1,221	1:1,462	1:1,709
1.1 m/s	1:732	1:828	1:925	1:1,024	1:1,226	1:1,432
1.2 m/s	1:623	1:704	1:787	1:871	1:1,043	1:1,219
1.3 m/s	1:537	1:607	1:679	1:751	1:899	1:1,051
1.4 m/s	1:468	1:530	1:592	1:655	1:784	1:916
1.5 m/s	1:412	1:466	1:521	1:576	1:690	1:806
1.6 m/s	1:366	1:414	1:462	1:512	1:612	1:716
1.7 m/s	1:327	1:370	1:413	1:457	1:547	1:640
1.8 m/s	1:294	1:332	1:372	1:411	1:492	1:575
1.9 m/s	1:266	1:301	1:336	1:372	1:445	1:521
2.0 m/s	1:242	1:274	1:306	1:338	1:405	1:473
2.1 m/s	1:221	1:250	1:279	1:309	1:370	1:432
2.2 m/s	1:203	1:229	1:256	1:284	1:340	1:397
2.3 m/s	1:187	1:211	1:236	1:261	1:313	1:365
2.4 m/s	1:173	1:195	1:218	1:241	1:289	1:338
2.5 m/s	1:160	1:181	1:202	1:224	1:268	1:313
2.6 m/s	1:149	1:168	1:188	1:208	1:249	1:291
2.7 m/s	1:139	1:157	1:175	1:194	1:232	1:272
2.8 m/s	1:130	1:147	1:164	1:181	1:217	1:254
2.9 m/s	1:122	1:137	1:154	1:170	1:204	1:238
3.0 m/s	1:114	1:129	1:144	1:160	1:191	1:223
3.1 m/s	1:107	1:121	1:136	1:150	1:180	1:210
3.2 m/s	1:101	1:115	1:128	1:142	1:170	1:198
3.3 m/s	1:96	1:108	1:121	1:134	1:160	1:187
3.4 m/s	1:91	1:102	1:114	1:127	1:152	1:177
3.5 m/s	1:86	1:97	1:108	1:120	1:144	1:168
3.6 m/s	1:81	1:92	1:103	1:114	1:136	1:159
3.7 m/s	1:77	1:88	1:98	1:108	1:130	1:151
3.8 m/s	1:74	1:83	1:93	1:103	1:123	1:144
3.9 m/s	1:70	1:79	1:89	1:98	1:118	1:137
4.0 m/s	1:67	1:76	1:85	1:94	1:112	1:131

Legend:
$Ø_{in}$ is the internal diameter of gravity sewer pipe
A is the cross-sectional area of gravity sewer pipe
P is the wetted perimeter of gravity sewer pipe
R is the hydraulic radius of gravity sewer pipe
Note:
1. This table uses Hazen-Williams coefficient, C=140.

Table 2-16 Pipe gradient (V:H) required to achieve various full flow velocity for gravity sanitary sewer pipes using Manning's equation (n=0.010)

$\emptyset_{in}$ (mm)	225	300	375	450	525	600
A (m²)	0.040	0.071	0.110	0.159	0.216	0.283
P (m)	0.707	0.942	1.178	1.414	1.649	1.885
R (m)	0.056	0.075	0.094	0.113	0.131	0.150
Unit	Gradient (V:H)	Gradient (V:H)	Gradient (V:H)	Gradient (V:H)	Gradient (V:H)	Gradient (V:H)
0.6 m/s	1:599	1:879	1:1,183	1:1,509	1:1,853	1:2,214
0.7 m/s	1:440	1:645	1:869	1:1,108	1:1,361	1:1,627
0.8 m/s	1:337	1:494	1:665	1:849	1:1,042	1:1,245
0.9 m/s	1:266	1:390	1:526	1:670	1:823	1:984
1.0 m/s	1:216	1:316	1:426	1:543	1:667	1:797
1.1 m/s	1:178	1:261	1:352	1:449	1:551	1:659
1.2 m/s	1:150	1:220	1:296	1:377	1:463	1:553
1.3 m/s	1:128	1:187	1:252	1:321	1:395	1:472
1.4 m/s	1:110	1:161	1:217	1:277	1:340	1:407
1.5 m/s	1:96	1:141	1:189	1:241	1:296	1:354
1.6 m/s	1:84	1:124	1:166	1:212	1:261	1:311
1.7 m/s	1:75	1:109	1:147	1:188	1:231	1:276
1.8 m/s	1:67	1:98	1:131	1:168	1:206	1:246
1.9 m/s	1:60	1:88	1:118	1:150	1:185	1:221
2.0 m/s	1:54	1:79	1:106	1:136	1:167	1:199
2.1 m/s	1:49	1:72	1:97	1:123	1:151	1:181
2.2 m/s	1:45	1:65	1:88	1:112	1:138	1:165
2.3 m/s	1:41	1:60	1:81	1:103	1:126	1:151
2.4 m/s	1:37	1:55	1:74	1:94	1:116	1:138
2.5 m/s	1:34	1:51	1:68	1:87	1:107	1:128
2.6 m/s	1:32	1:47	1:63	1:80	1:99	1:118
2.7 m/s	1:30	1:43	1:58	1:74	1:91	1:109
2.8 m/s	1:27	1:40	1:54	1:69	1:85	1:102
2.9 m/s	1:26	1:38	1:51	1:65	1:79	1:95
3.0 m/s	1:24	1:35	1:47	1:60	1:74	1:89
3.1 m/s	1:22	1:33	1:44	1:57	1:69	1:83
3.2 m/s	1:21	1:31	1:42	1:53	1:65	1:78
3.3 m/s	1:20	1:29	1:39	1:50	1:61	1:73
3.4 m/s	1:19	1:27	1:37	1:47	1:58	1:69
3.5 m/s	1:18	1:26	1:35	1:44	1:54	1:65
3.6 m/s	1:17	1:24	1:33	1:42	1:51	1:61
3.7 m/s	1:16	1:23	1:31	1:40	1:49	1:58
3.8 m/s	1:15	1:22	1:29	1:38	1:46	1:55
3.9 m/s	1:14	1:21	1:28	1:36	1:44	1:52
4.0 m/s	1:13	1:20	1:27	1:34	1:42	1:50

(Continued)

Legend:
$\emptyset_{in}$ is the internal diameter of gravity sewer pipe
A is the cross-sectional area of gravity sewer pipe
P is the wetted perimeter of gravity sewer pipe
R is the hydraulic radius of gravity sewer pipe

58 | Formulation and Design Data for Civil Engineering

Table 2-16 (Continued)

$\varnothing_{in}$ (mm)	675	750	825	900	1050	1200
A (m²)	0.358	0.442	0.535	0.636	0.866	1.131
P (m)	2.121	2.356	2.592	2.827	3.299	3.770
R (m)	0.169	0.188	0.206	0.225	0.263	0.300
Unit	Gradient (V:H)	Gradient (V:H)	Gradient (V:H)	Gradient (V:H)	Gradient (V:H)	Gradient (V:H)
0.6 m/s	1:2,590	1:2,981	1:3,385	1:3,801	1:4,669	1:5,579
0.7 m/s	1:1,903	1:2,190	1:2,487	1:2,793	1:3,430	1:4,099
0.8 m/s	1:1,457	1:1,677	1:1,904	1:2,138	1:2,626	1:3,138
0.9 m/s	1:1,151	1:1,325	1:1,504	1:1,690	1:2,075	1:2,479
1.0 m/s	1:933	1:1,073	1:1,219	1:1,368	1:1,681	1:2,008
1.1 m/s	1:771	1:887	1:1,007	1:1,131	1:1,389	1:1,660
1.2 m/s	1:648	1:745	1:846	1:950	1:1,167	1:1,395
1.3 m/s	1:552	1:635	1:721	1:810	1:995	1:1,188
1.4 m/s	1:476	1:548	1:622	1:698	1:858	1:1,025
1.5 m/s	1:414	1:477	1:542	1:608	1:747	1:893
1.6 m/s	1:364	1:419	1:476	1:535	1:657	1:784
1.7 m/s	1:323	1:371	1:422	1:474	1:582	1:695
1.8 m/s	1:288	1:331	1:376	1:422	1:519	1:620
1.9 m/s	1:258	1:297	1:338	1:379	1:466	1:556
2.0 m/s	1:233	1:268	1:305	1:342	1:420	1:502
2.1 m/s	1:211	1:243	1:276	1:310	1:381	1:455
2.2 m/s	1:193	1:222	1:252	1:283	1:347	1:415
2.3 m/s	1:176	1:203	1:230	1:259	1:318	1:380
2.4 m/s	1:162	1:186	1:212	1:238	1:292	1:349
2.5 m/s	1:149	1:172	1:195	1:219	1:269	1:321
2.6 m/s	1:138	1:159	1:180	1:202	1:249	1:297
2.7 m/s	1:128	1:147	1:167	1:188	1:231	1:275
2.8 m/s	1:119	1:137	1:155	1:175	1:214	1:256
2.9 m/s	1:111	1:128	1:145	1:163	1:200	1:239
3.0 m/s	1:104	1:119	1:135	1:152	1:187	1:223
3.1 m/s	1:97	1:112	1:127	1:142	1:175	1:209
3.2 m/s	1:91	1:105	1:119	1:134	1:164	1:196
3.3 m/s	1:86	1:99	1:112	1:126	1:154	1:184
3.4 m/s	1:81	1:93	1:105	1:118	1:145	1:174
3.5 m/s	1:76	1:88	1:99	1:112	1:137	1:164
3.6 m/s	1:72	1:83	1:94	1:106	1:130	1:155
3.7 m/s	1:68	1:78	1:89	1:100	1:123	1:147
3.8 m/s	1:65	1:74	1:84	1:95	1:116	1:139
3.9 m/s	1:61	1:71	1:80	1:90	1:111	1:132
4.0 m/s	1:58	1:67	1:76	1:86	1:105	1:126

Legend:
$\varnothing_{in}$ is the internal diameter of gravity sewer pipe
A is the cross-sectional area of gravity sewer pipe
P is the wetted perimeter of gravity sewer pipe
R is the hydraulic radius of gravity sewer pipe
Note:
1. This table uses Manning's roughness, n=0.010.

Sanitary Sewer System | 59

Table 2-17 Pipe gradient (V:H) required to achieve various full flow velocity for gravity sanitary sewer pipes using Manning's equation (n=0.011)

$\varnothing_{in}$ (mm)	225	300	375	450	525	600
A (m²)	0.040	0.071	0.110	0.159	0.216	0.283
P (m)	0.707	0.942	1.178	1.414	1.649	1.885
R (m)	0.056	0.075	0.094	0.113	0.131	0.150
Unit	Gradient (V:H)	Gradient (V:H)	Gradient (V:H)	Gradient (V:H)	Gradient (V:H)	Gradient (V:H)
0.6 m/s	1:495	1:726	1:978	1:1,247	1:1,531	1:1,830
0.7 m/s	1:364	1:533	1:718	1:916	1:1,125	1:1,344
0.8 m/s	1:278	1:408	1:550	1:701	1:861	1:1,029
0.9 m/s	1:220	1:323	1:435	1:554	1:681	1:813
1.0 m/s	1:178	1:261	1:352	1:449	1:551	1:659
1.1 m/s	1:147	1:216	1:291	1:371	1:456	1:544
1.2 m/s	1:124	1:182	1:244	1:312	1:383	1:457
1.3 m/s	1:105	1:155	1:208	1:266	1:326	1:390
1.4 m/s	1:91	1:133	1:180	1:229	1:281	1:336
1.5 m/s	1:79	1:116	1:156	1:199	1:245	1:293
1.6 m/s	1:70	1:102	1:137	1:175	1:215	1:257
1.7 m/s	1:62	1:90	1:122	1:155	1:191	1:228
1.8 m/s	1:55	1:81	1:109	1:139	1:170	1:203
1.9 m/s	1:49	1:72	1:97	1:124	1:153	1:182
2.0 m/s	1:45	1:65	1:88	1:112	1:138	1:165
2.1 m/s	1:40	1:59	1:80	1:102	1:125	1:149
2.2 m/s	1:37	1:54	1:73	1:93	1:114	1:136
2.3 m/s	1:34	1:49	1:67	1:85	1:104	1:125
2.4 m/s	1:31	1:45	1:61	1:78	1:96	1:114
2.5 m/s	1:28	1:42	1:56	1:72	1:88	1:105
2.6 m/s	1:26	1:39	1:52	1:66	1:82	1:97
2.7 m/s	1:24	1:36	1:48	1:62	1:76	1:90
2.8 m/s	1:23	1:33	1:45	1:57	1:70	1:84
2.9 m/s	1:21	1:31	1:42	1:53	1:66	1:78
3.0 m/s	1:20	1:29	1:39	1:50	1:61	1:73
3.1 m/s	1:19	1:27	1:37	1:47	1:57	1:69
3.2 m/s	1:17	1:26	1:34	1:44	1:54	1:64
3.3 m/s	1:16	1:24	1:32	1:41	1:51	1:60
3.4 m/s	1:15	1:23	1:30	1:39	1:48	1:57
3.5 m/s	1:15	1:21	1:29	1:37	1:45	1:54
3.6 m/s	1:14	1:20	1:27	1:35	1:43	1:51
3.7 m/s	1:13	1:19	1:26	1:33	1:40	1:48
3.8 m/s	1:12	1:18	1:24	1:31	1:38	1:46
3.9 m/s	1:12	1:17	1:23	1:30	1:36	1:43
4.0 m/s	1:11	1:16	1:22	1:28	1:34	1:41

(Continued)
Legend:
$\varnothing_{in}$ is the internal diameter of gravity sewer pipe
A is the cross-sectional area of gravity sewer pipe
P is the wetted perimeter of gravity sewer pipe
R is the hydraulic radius of gravity sewer pipe

60 | Formulation and Design Data for Civil Engineering

Table 2-17 (Continued)

$Ø_{in}$ (mm)	675	750	825	900	1050	1200
A (m²)	0.358	0.442	0.535	0.636	0.866	1.131
P (m)	2.121	2.356	2.592	2.827	3.299	3.770
R (m)	0.169	0.188	0.206	0.225	0.263	0.300
Unit	Gradient (V:H)	Gradient (V:H)	Gradient (V:H)	Gradient (V:H)	Gradient (V:H)	Gradient (V:H)
0.6 m/s	1:2,141	1:2,464	1:2,798	1:3,142	1:3,858	1:4,610
0.7 m/s	1:1,573	1:1,810	1:2,055	1:2,308	1:2,835	1:3,387
0.8 m/s	1:1,204	1:1,386	1:1,574	1:1,767	1:2,170	1:2,593
0.9 m/s	1:951	1:1,095	1:1,243	1:1,396	1:1,715	1:2,049
1.0 m/s	1:771	1:887	1:1,007	1:1,131	1:1,389	1:1,660
1.1 m/s	1:637	1:733	1:832	1:935	1:1,148	1:1,372
1.2 m/s	1:535	1:616	1:699	1:785	1:965	1:1,153
1.3 m/s	1:456	1:525	1:596	1:669	1:822	1:982
1.4 m/s	1:393	1:453	1:514	1:577	1:709	1:847
1.5 m/s	1:343	1:394	1:448	1:503	1:617	1:738
1.6 m/s	1:301	1:346	1:393	1:442	1:543	1:648
1.7 m/s	1:267	1:307	1:348	1:391	1:481	1:574
1.8 m/s	1:238	1:274	1:311	1:349	1:429	1:512
1.9 m/s	1:213	1:246	1:279	1:313	1:385	1:460
2.0 m/s	1:193	1:222	1:252	1:283	1:347	1:415
2.1 m/s	1:175	1:201	1:228	1:256	1:315	1:376
2.2 m/s	1:159	1:183	1:208	1:234	1:287	1:343
2.3 m/s	1:146	1:168	1:190	1:214	1:263	1:314
2.4 m/s	1:134	1:154	1:175	1:196	1:241	1:288
2.5 m/s	1:123	1:142	1:161	1:181	1:222	1:266
2.6 m/s	1:114	1:131	1:149	1:167	1:205	1:246
2.7 m/s	1:106	1:122	1:138	1:155	1:191	1:228
2.8 m/s	1:98	1:113	1:128	1:144	1:177	1:212
2.9 m/s	1:92	1:105	1:120	1:134	1:165	1:197
3.0 m/s	1:86	1:99	1:112	1:126	1:154	1:184
3.1 m/s	1:80	1:92	1:105	1:118	1:145	1:173
3.2 m/s	1:75	1:87	1:98	1:110	1:136	1:162
3.3 m/s	1:71	1:81	1:92	1:104	1:128	1:152
3.4 m/s	1:67	1:77	1:87	1:98	1:120	1:144
3.5 m/s	1:63	1:72	1:82	1:92	1:113	1:135
3.6 m/s	1:59	1:68	1:78	1:87	1:107	1:128
3.7 m/s	1:56	1:65	1:74	1:83	1:101	1:121
3.8 m/s	1:53	1:61	1:70	1:78	1:96	1:115
3.9 m/s	1:51	1:58	1:66	1:74	1:91	1:109
4.0 m/s	1:48	1:55	1:63	1:71	1:87	1:104

Legend:
$Ø_{in}$ is the internal diameter of gravity sewer pipe
A is the cross-sectional area of gravity sewer pipe
P is the wetted perimeter of gravity sewer pipe
R is the hydraulic radius of gravity sewer pipe
Note:
1. This table uses Manning's roughness, n=0.011.

Sanitary Sewer System | 61

Table 2-18 Pipe gradient (V:H) required to achieve various full flow velocity for gravity sanitary sewer pipes using Manning's equation (n=0.012)

$\varnothing_{in}$ (mm)	225	300	375	450	525	600
A (m²)	0.040	0.071	0.110	0.159	0.216	0.283
P (m)	0.707	0.942	1.178	1.414	1.649	1.885
R (m)	0.056	0.075	0.094	0.113	0.131	0.150
Unit	Gradient (V:H)	Gradient (V:H)	Gradient (V:H)	Gradient (V:H)	Gradient (V:H)	Gradient (V:H)
0.6 m/s	1:416	1:610	1:822	1:1,048	1:1,287	1:1,537
0.7 m/s	1:305	1:448	1:604	1:770	1:945	1:1,130
0.8 m/s	1:234	1:343	1:462	1:589	1:724	1:865
0.9 m/s	1:185	1:271	1:365	1:466	1:572	1:683
1.0 m/s	1:150	1:220	1:296	1:377	1:463	1:553
1.1 m/s	1:124	1:182	1:244	1:312	1:383	1:457
1.2 m/s	1:104	1:153	1:205	1:262	1:322	1:384
1.3 m/s	1:89	1:130	1:175	1:223	1:274	1:327
1.4 m/s	1:76	1:112	1:151	1:192	1:236	1:282
1.5 m/s	1:67	1:98	1:131	1:168	1:206	1:246
1.6 m/s	1:58	1:86	1:116	1:147	1:181	1:216
1.7 m/s	1:52	1:76	1:102	1:130	1:160	1:192
1.8 m/s	1:46	1:68	1:91	1:116	1:143	1:171
1.9 m/s	1:41	1:61	1:82	1:104	1:128	1:153
2.0 m/s	1:37	1:55	1:74	1:94	1:116	1:138
2.1 m/s	1:34	1:50	1:67	1:86	1:105	1:126
2.2 m/s	1:31	1:45	1:61	1:78	1:96	1:114
2.3 m/s	1:28	1:42	1:56	1:71	1:88	1:105
2.4 m/s	1:26	1:38	1:51	1:65	1:80	1:96
2.5 m/s	1:24	1:35	1:47	1:60	1:74	1:89
2.6 m/s	1:22	1:32	1:44	1:56	1:69	1:82
2.7 m/s	1:21	1:30	1:41	1:52	1:64	1:76
2.8 m/s	1:19	1:28	1:38	1:48	1:59	1:71
2.9 m/s	1:18	1:26	1:35	1:45	1:55	1:66
3.0 m/s	1:17	1:24	1:33	1:42	1:51	1:61
3.1 m/s	1:16	1:23	1:31	1:39	1:48	1:58
3.2 m/s	1:15	1:21	1:29	1:37	1:45	1:54
3.3 m/s	1:14	1:20	1:27	1:35	1:43	1:51
3.4 m/s	1:13	1:19	1:26	1:33	1:40	1:48
3.5 m/s	1:12	1:18	1:24	1:31	1:38	1:45
3.6 m/s	1:12	1:17	1:23	1:29	1:36	1:43
3.7 m/s	1:11	1:16	1:22	1:28	1:34	1:40
3.8 m/s	1:10	1:15	1:20	1:26	1:32	1:38
3.9 m/s	1:10	1:14	1:19	1:25	1:30	1:36
4.0 m/s	1:9	1:14	1:18	1:24	1:29	1:35

(Continued)

Legend:
$\varnothing_{in}$ is the internal diameter of gravity sewer pipe
A is the cross-sectional area of gravity sewer pipe
P is the wetted perimeter of gravity sewer pipe
R is the hydraulic radius of gravity sewer pipe

62 | Formulation and Design Data for Civil Engineering

Table 2-18 (Continued)

Ø$_{in}$ (mm)	675	750	825	900	1050	1200
A (m²)	0.358	0.442	0.535	0.636	0.866	1.131
P (m)	2.121	2.356	2.592	2.827	3.299	3.770
R (m)	0.169	0.188	0.206	0.225	0.263	0.300
Unit	Gradient (V:H)	Gradient (V:H)	Gradient (V:H)	Gradient (V:H)	Gradient (V:H)	Gradient (V:H)
0.6 m/s	1:1,799	1:2,070	1:2,351	1:2,640	1:3,242	1:3,874
0.7 m/s	1:1,322	1:1,521	1:1,727	1:1,939	1:2,382	1:2,846
0.8 m/s	1:1,012	1:1,164	1:1,322	1:1,485	1:1,824	1:2,179
0.9 m/s	1:799	1:920	1:1,045	1:1,173	1:1,441	1:1,722
1.0 m/s	1:648	1:745	1:846	1:950	1:1,167	1:1,395
1.1 m/s	1:535	1:616	1:699	1:785	1:965	1:1,153
1.2 m/s	1:450	1:518	1:588	1:660	1:811	1:969
1.3 m/s	1:383	1:441	1:501	1:562	1:691	1:825
1.4 m/s	1:330	1:380	1:432	1:485	1:596	1:712
1.5 m/s	1:288	1:331	1:376	1:422	1:519	1:620
1.6 m/s	1:253	1:291	1:331	1:371	1:456	1:545
1.7 m/s	1:224	1:258	1:293	1:329	1:404	1:483
1.8 m/s	1:200	1:230	1:261	1:293	1:360	1:430
1.9 m/s	1:179	1:206	1:234	1:263	1:323	1:386
2.0 m/s	1:162	1:186	1:212	1:238	1:292	1:349
2.1 m/s	1:147	1:169	1:192	1:215	1:265	1:316
2.2 m/s	1:134	1:154	1:175	1:196	1:241	1:288
2.3 m/s	1:122	1:141	1:160	1:180	1:221	1:264
2.4 m/s	1:112	1:129	1:147	1:165	1:203	1:242
2.5 m/s	1:104	1:119	1:135	1:152	1:187	1:223
2.6 m/s	1:96	1:110	1:125	1:141	1:173	1:206
2.7 m/s	1:89	1:102	1:116	1:130	1:160	1:191
2.8 m/s	1:83	1:95	1:108	1:121	1:149	1:178
2.9 m/s	1:77	1:89	1:101	1:113	1:139	1:166
3.0 m/s	1:72	1:83	1:94	1:106	1:130	1:155
3.1 m/s	1:67	1:78	1:88	1:99	1:121	1:145
3.2 m/s	1:63	1:73	1:83	1:93	1:114	1:136
3.3 m/s	1:59	1:68	1:78	1:87	1:107	1:128
3.4 m/s	1:56	1:64	1:73	1:82	1:101	1:121
3.5 m/s	1:53	1:61	1:69	1:78	1:95	1:114
3.6 m/s	1:50	1:58	1:65	1:73	1:90	1:108
3.7 m/s	1:47	1:54	1:62	1:69	1:85	1:102
3.8 m/s	1:45	1:52	1:59	1:66	1:81	1:97
3.9 m/s	1:43	1:49	1:56	1:62	1:77	1:92
4.0 m/s	1:40	1:47	1:53	1:59	1:73	1:87

Legend:
Ø$_{in}$ is the internal diameter of gravity sewer pipe
A is the cross-sectional area of gravity sewer pipe
P is the wetted perimeter of gravity sewer pipe
R is the hydraulic radius of gravity sewer pipe
Note:
1. This table uses Manning's roughness, n=0.012.

Table 2-19 Pipe gradient (V:H) required to achieve various full flow velocity for gravity sanitary sewer pipes using Manning's equation (n=0.013)

$\varnothing_{in}$ (mm)	225	300	375	450	525	600
A (m²)	0.040	0.071	0.110	0.159	0.216	0.283
P (m)	0.707	0.942	1.178	1.414	1.649	1.885
R (m)	0.056	0.075	0.094	0.113	0.131	0.150
Unit	Gradient (V:H)	Gradient (V:H)	Gradient (V:H)	Gradient (V:H)	Gradient (V:H)	Gradient (V:H)
0.6 m/s	1:354	1:520	1:700	1:893	1:1,096	1:1,310
0.7 m/s	1:260	1:382	1:514	1:656	1:805	1:962
0.8 m/s	1:199	1:292	1:394	1:502	1:617	1:737
0.9 m/s	1:157	1:231	1:311	1:397	1:487	1:582
1.0 m/s	1:128	1:187	1:252	1:321	1:395	1:472
1.1 m/s	1:105	1:155	1:208	1:266	1:326	1:390
1.2 m/s	1:89	1:130	1:175	1:223	1:274	1:327
1.3 m/s	1:75	1:111	1:149	1:190	1:234	1:279
1.4 m/s	1:65	1:95	1:129	1:164	1:201	1:241
1.5 m/s	1:57	1:83	1:112	1:143	1:175	1:210
1.6 m/s	1:50	1:73	1:98	1:126	1:154	1:184
1.7 m/s	1:44	1:65	1:87	1:111	1:137	1:163
1.8 m/s	1:39	1:58	1:78	1:99	1:122	1:146
1.9 m/s	1:35	1:52	1:70	1:89	1:109	1:131
2.0 m/s	1:32	1:47	1:63	1:80	1:99	1:118
2.1 m/s	1:29	1:42	1:57	1:73	1:89	1:107
2.2 m/s	1:26	1:39	1:52	1:66	1:82	1:97
2.3 m/s	1:24	1:35	1:48	1:61	1:75	1:89
2.4 m/s	1:22	1:32	1:44	1:56	1:69	1:82
2.5 m/s	1:20	1:30	1:40	1:51	1:63	1:75
2.6 m/s	1:19	1:28	1:37	1:48	1:58	1:70
2.7 m/s	1:17	1:26	1:35	1:44	1:54	1:65
2.8 m/s	1:16	1:24	1:32	1:41	1:50	1:60
2.9 m/s	1:15	1:22	1:30	1:38	1:47	1:56
3.0 m/s	1:14	1:21	1:28	1:36	1:44	1:52
3.1 m/s	1:13	1:19	1:26	1:33	1:41	1:49
3.2 m/s	1:12	1:18	1:25	1:31	1:39	1:46
3.3 m/s	1:12	1:17	1:23	1:30	1:36	1:43
3.4 m/s	1:11	1:16	1:22	1:28	1:34	1:41
3.5 m/s	1:10	1:15	1:21	1:26	1:32	1:38
3.6 m/s	1:10	1:14	1:19	1:25	1:30	1:36
3.7 m/s	1:9	1:14	1:18	1:23	1:29	1:34
3.8 m/s	1:9	1:13	1:17	1:22	1:27	1:33
3.9 m/s	1:8	1:12	1:17	1:21	1:26	1:31
4.0 m/s	1:8	1:12	1:16	1:20	1:25	1:29

(Continued)

Legend:
$\varnothing_{in}$ is the internal diameter of gravity sewer pipe
A is the cross-sectional area of gravity sewer pipe
P is the wetted perimeter of gravity sewer pipe
R is the hydraulic radius of gravity sewer pipe

64 | Formulation and Design Data for Civil Engineering

Table 2-19 (Continued)

$Ø_{in}$ (mm)	675	750	825	900	1050	1200
A (m²)	0.358	0.442	0.535	0.636	0.866	1.131
P (m)	2.121	2.356	2.592	2.827	3.299	3.770
R (m)	0.169	0.188	0.206	0.225	0.263	0.300
Unit	Gradient (V:H)	Gradient (V:H)	Gradient (V:H)	Gradient (V:H)	Gradient (V:H)	Gradient (V:H)
0.6 m/s	1:1,533	1:1,764	1:2,003	1:2,249	1:2,763	1:3,301
0.7 m/s	1:1,126	1:1,296	1:1,472	1:1,653	1:2,030	1:2,425
0.8 m/s	1:862	1:992	1:1,127	1:1,265	1:1,554	1:1,857
0.9 m/s	1:681	1:784	1:890	1:1,000	1:1,228	1:1,467
1.0 m/s	1:552	1:635	1:721	1:810	1:995	1:1,188
1.1 m/s	1:456	1:525	1:596	1:669	1:822	1:982
1.2 m/s	1:383	1:441	1:501	1:562	1:691	1:825
1.3 m/s	1:327	1:376	1:427	1:479	1:588	1:703
1.4 m/s	1:282	1:324	1:368	1:413	1:507	1:606
1.5 m/s	1:245	1:282	1:320	1:360	1:442	1:528
1.6 m/s	1:216	1:248	1:282	1:316	1:388	1:464
1.7 m/s	1:191	1:220	1:250	1:280	1:344	1:411
1.8 m/s	1:170	1:196	1:223	1:250	1:307	1:367
1.9 m/s	1:153	1:176	1:200	1:224	1:275	1:329
2.0 m/s	1:138	1:159	1:180	1:202	1:249	1:297
2.1 m/s	1:125	1:144	1:164	1:184	1:226	1:269
2.2 m/s	1:114	1:131	1:149	1:167	1:205	1:246
2.3 m/s	1:104	1:120	1:136	1:153	1:188	1:225
2.4 m/s	1:96	1:110	1:125	1:141	1:173	1:206
2.5 m/s	1:88	1:102	1:115	1:130	1:159	1:190
2.6 m/s	1:82	1:94	1:107	1:120	1:147	1:176
2.7 m/s	1:76	1:87	1:99	1:111	1:136	1:163
2.8 m/s	1:70	1:81	1:92	1:103	1:127	1:152
2.9 m/s	1:66	1:76	1:86	1:96	1:118	1:141
3.0 m/s	1:61	1:71	1:80	1:90	1:111	1:132
3.1 m/s	1:57	1:66	1:75	1:84	1:103	1:124
3.2 m/s	1:54	1:62	1:70	1:79	1:97	1:116
3.3 m/s	1:51	1:58	1:66	1:74	1:91	1:109
3.4 m/s	1:48	1:55	1:62	1:70	1:86	1:103
3.5 m/s	1:45	1:52	1:59	1:66	1:81	1:97
3.6 m/s	1:43	1:49	1:56	1:62	1:77	1:92
3.7 m/s	1:40	1:46	1:53	1:59	1:73	1:87
3.8 m/s	1:38	1:44	1:50	1:56	1:69	1:82
3.9 m/s	1:36	1:42	1:47	1:53	1:65	1:78
4.0 m/s	1:34	1:40	1:45	1:51	1:62	1:74

Legend:
$Ø_{in}$ is the internal diameter of gravity sewer pipe
A is the cross-sectional area of gravity sewer pipe
P is the wetted perimeter of gravity sewer pipe
R is the hydraulic radius of gravity sewer pipe
Note:
1. This table uses Manning's roughness, n=0.013.

Sanitary Sewer System | 65

Table 2-20 Pipe gradient (V:H) required to achieve various full flow velocity for gravity sanitary sewer pipes using Manning's equation (n=0.014)

$\varnothing_{in}$ (mm)	225	300	375	450	525	600
A (m²)	0.040	0.071	0.110	0.159	0.216	0.283
P (m)	0.707	0.942	1.178	1.414	1.649	1.885
R (m)	0.056	0.075	0.094	0.113	0.131	0.150
Unit	Gradient (V:H)	Gradient (V:H)	Gradient (V:H)	Gradient (V:H)	Gradient (V:H)	Gradient (V:H)
0.6 m/s	1:305	1:448	1:604	1:770	1:945	1:1,130
0.7 m/s	1:224	1:329	1:443	1:565	1:695	1:830
0.8 m/s	1:172	1:252	1:340	1:433	1:532	1:635
0.9 m/s	1:136	1:199	1:268	1:342	1:420	1:502
1.0 m/s	1:110	1:161	1:217	1:277	1:340	1:407
1.1 m/s	1:91	1:133	1:180	1:229	1:281	1:336
1.2 m/s	1:76	1:112	1:151	1:192	1:236	1:282
1.3 m/s	1:65	1:95	1:129	1:164	1:201	1:241
1.4 m/s	1:56	1:82	1:111	1:141	1:174	1:207
1.5 m/s	1:49	1:72	1:97	1:123	1:151	1:181
1.6 m/s	1:43	1:63	1:85	1:108	1:133	1:159
1.7 m/s	1:38	1:56	1:75	1:96	1:118	1:141
1.8 m/s	1:34	1:50	1:67	1:86	1:105	1:126
1.9 m/s	1:30	1:45	1:60	1:77	1:94	1:113
2.0 m/s	1:27	1:40	1:54	1:69	1:85	1:102
2.1 m/s	1:25	1:37	1:49	1:63	1:77	1:92
2.2 m/s	1:23	1:33	1:45	1:57	1:70	1:84
2.3 m/s	1:21	1:31	1:41	1:52	1:64	1:77
2.4 m/s	1:19	1:28	1:38	1:48	1:59	1:71
2.5 m/s	1:18	1:26	1:35	1:44	1:54	1:65
2.6 m/s	1:16	1:24	1:32	1:41	1:50	1:60
2.7 m/s	1:15	1:22	1:30	1:38	1:47	1:56
2.8 m/s	1:14	1:21	1:28	1:35	1:43	1:52
2.9 m/s	1:13	1:19	1:26	1:33	1:40	1:48
3.0 m/s	1:12	1:18	1:24	1:31	1:38	1:45
3.1 m/s	1:11	1:17	1:23	1:29	1:35	1:42
3.2 m/s	1:11	1:16	1:21	1:27	1:33	1:40
3.3 m/s	1:10	1:15	1:20	1:25	1:31	1:37
3.4 m/s	1:10	1:14	1:19	1:24	1:29	1:35
3.5 m/s	1:9	1:13	1:18	1:23	1:28	1:33
3.6 m/s	1:8	1:12	1:17	1:21	1:26	1:31
3.7 m/s	1:8	1:12	1:16	1:20	1:25	1:30
3.8 m/s	1:8	1:11	1:15	1:19	1:24	1:28
3.9 m/s	1:7	1:11	1:14	1:18	1:22	1:27
4.0 m/s	1:7	1:10	1:14	1:17	1:21	1:25

(Continued)
Legend:
$\varnothing_{in}$ is the internal diameter of gravity sewer pipe
A is the cross-sectional area of gravity sewer pipe
P is the wetted perimeter of gravity sewer pipe
R is the hydraulic radius of gravity sewer pipe

66 | Formulation and Design Data for Civil Engineering

Table 2-20 (Continued)

Ø$_{in}$ (mm)	675	750	825	900	1050	1200
A (m²)	0.358	0.442	0.535	0.636	0.866	1.131
P (m)	2.121	2.356	2.592	2.827	3.299	3.770
R (m)	0.169	0.188	0.206	0.225	0.263	0.300
Unit	Gradient (V:H)	Gradient (V:H)	Gradient (V:H)	Gradient (V:H)	Gradient (V:H)	Gradient (V:H)
0.6 m/s	1:1,322	1:1,521	1:1,727	1:1,939	1:2,382	1:2,846
0.7 m/s	1:971	1:1,117	1:1,269	1:1,425	1:1,750	1:2,091
0.8 m/s	1:743	1:856	1:971	1:1,091	1:1,340	1:1,601
0.9 m/s	1:587	1:676	1:768	1:862	1:1,059	1:1,265
1.0 m/s	1:476	1:548	1:622	1:698	1:858	1:1,025
1.1 m/s	1:393	1:453	1:514	1:577	1:709	1:847
1.2 m/s	1:330	1:380	1:432	1:485	1:596	1:712
1.3 m/s	1:282	1:324	1:368	1:413	1:507	1:606
1.4 m/s	1:243	1:279	1:317	1:356	1:438	1:523
1.5 m/s	1:211	1:243	1:276	1:310	1:381	1:455
1.6 m/s	1:186	1:214	1:243	1:273	1:335	1:400
1.7 m/s	1:165	1:189	1:215	1:242	1:297	1:355
1.8 m/s	1:147	1:169	1:192	1:215	1:265	1:316
1.9 m/s	1:132	1:152	1:172	1:193	1:238	1:284
2.0 m/s	1:119	1:137	1:155	1:175	1:214	1:256
2.1 m/s	1:108	1:124	1:141	1:158	1:194	1:232
2.2 m/s	1:98	1:113	1:128	1:144	1:177	1:212
2.3 m/s	1:90	1:104	1:118	1:132	1:162	1:194
2.4 m/s	1:83	1:95	1:108	1:121	1:149	1:178
2.5 m/s	1:76	1:88	1:99	1:112	1:137	1:164
2.6 m/s	1:70	1:81	1:92	1:103	1:127	1:152
2.7 m/s	1:65	1:75	1:85	1:96	1:118	1:141
2.8 m/s	1:61	1:70	1:79	1:89	1:109	1:131
2.9 m/s	1:57	1:65	1:74	1:83	1:102	1:122
3.0 m/s	1:53	1:61	1:69	1:78	1:95	1:114
3.1 m/s	1:50	1:57	1:65	1:73	1:89	1:107
3.2 m/s	1:46	1:53	1:61	1:68	1:84	1:100
3.3 m/s	1:44	1:50	1:57	1:64	1:79	1:94
3.4 m/s	1:41	1:47	1:54	1:60	1:74	1:89
3.5 m/s	1:39	1:45	1:51	1:57	1:70	1:84
3.6 m/s	1:37	1:42	1:48	1:54	1:66	1:79
3.7 m/s	1:35	1:40	1:45	1:51	1:63	1:75
3.8 m/s	1:33	1:38	1:43	1:48	1:59	1:71
3.9 m/s	1:31	1:36	1:41	1:46	1:56	1:67
4.0 m/s	1:30	1:34	1:39	1:44	1:54	1:64

Legend:
Ø$_{in}$ is the internal diameter of gravity sewer pipe
A is the cross-sectional area of gravity sewer pipe
P is the wetted perimeter of gravity sewer pipe
R is the hydraulic radius of gravity sewer pipe
Note:
1. This table uses Manning's roughness, n=0.014.

3.0 Water Supply System

Clean water is mainly used for cleaning and consumption purposes. With the ability to sustain life and ensure human comfort in term of hygiene, water indisputably plays an essential role in our daily life.

Water treatment plant collects the raw water from natural waterway and treat it to be potable water. The potable water is conveyed to reservoir that manages regional water distribution. In a township, individual water tank is required to supply water throughout the development after water intake from the reservoir.

Water supply network mainly consists of water pipes. The water is conveyed through the pipes in pressurized flow, which makes the conveyance solely relies on energy head. In the event of insufficient energy head for smooth flow, pump station will be introduced into the network.

This chapter provides tables for civil engineer to determine the discharge capacity of various general water pipe sizes in the industry.

68 | Formulation and Design Data for Civil Engineering

3.1 Explanatory Notes

Table 3-1 to **Table 3-6** provide capacity allowed to limit the head loss gradient. Hazen-Williams head loss equation (Eq. 3-1) is used in the calculation.

$$\frac{h_L}{L} = \frac{10.67 Q^{1.852}}{C^{1.852} D^{4.866}}$$

Eq. 3-1

where:

$\frac{h_L}{L}$ is head loss over length of pipe, or head loss gradient (m/m)

Q is discharge through the pipe (m³/s)

C is Hazen-Williams coefficient

D is internal diameter (m)

Procedure to use **Table 3-1**, **Table 3-2**, **Table 3-3**, **Table 3-4**, **Table 3-5** and **Table 3-6**
1. Determine **pipe diameter**.
2. Determine **Hazen-Williams coefficient**.
2. Determine the **discharge** to be catered.
3. Refer to table for head loss gradient.

Example A: Determine head loss gradient based on discharge to be catered
1. Pipe diameter = 200mm
2. Hazen-Williams coefficient = 90
3. Discharge = 600m³/day
4. Head loss gradient = between 0.6 and 0.7 m/km (from table)

Example B: Determine minimum pipe diameter based on discharge to be catered with head loss gradient limit
1. Discharge = 600m³/day
2. Hazen-Williams coefficient = 90
3. Head loss gradient limit = 2.0 m/km
4. Pipe diameter = 200mm minimum (from table)

3.2 Design Data for Water Supply System

70 | Formulation and Design Data for Civil Engineering

Table 3-1 Maximum discharge allowed for water pipes to achieve various head loss gradient (m/1000m) using Hazen-Williams head loss equation (C=90)

$\varnothing_{in}$ (mm)	150	200	250	300	350	400	450
m/km	m³/day	m³/day	m³/day	m³/day	m³/day	m³/day	m³/day
0.1	103	218	393	634	950	1,350	1,839
0.2	149	318	571	921	1,382	1,962	2,674
0.3	186	395	710	1,147	1,720	2,442	3,328
0.4	217	462	830	1,340	2,009	2,853	3,888
0.5	245	521	936	1,511	2,266	3,218	4,385
0.6	270	575	1,033	1,668	2,500	3,551	4,839
0.7	293	625	1,123	1,812	2,717	3,859	5,259
0.8	315	671	1,206	1,948	2,921	4,148	5,652
0.9	336	715	1,286	2,076	3,112	4,420	6,024
1.0	356	757	1,361	2,197	3,295	4,679	6,376
1.1	374	797	1,433	2,313	3,469	4,926	6,713
1.2	392	836	1,502	2,425	3,635	5,163	7,036
1.3	410	872	1,568	2,532	3,796	5,391	7,347
1.4	426	908	1,632	2,635	3,951	5,611	7,647
1.5	443	943	1,694	2,735	4,101	5,824	7,937
1.6	458	976	1,754	2,832	4,246	6,031	8,218
1.7	474	1,008	1,813	2,926	4,388	6,232	8,492
1.8	488	1,040	1,869	3,018	4,525	6,427	8,758
1.9	503	1,071	1,925	3,107	4,659	6,617	9,017
2.0	517	1,101	1,979	3,195	4,790	6,803	9,271
2.2	544	1,159	2,083	3,363	5,043	7,162	9,760
2.4	571	1,215	2,183	3,525	5,286	7,507	10,230
2.6	596	1,269	2,280	3,681	5,519	7,838	10,681
2.8	620	1,320	2,373	3,831	5,744	8,158	11,118
3.0	644	1,370	2,463	3,977	5,962	8,468	11,539
4.0	752	1,601	2,877	4,645	6,964	9,891	13,479
5.0	848	1,806	3,245	5,240	7,856	11,158	15,205
6.0	936	1,992	3,581	5,782	8,669	12,312	16,778
7.0	1,017	2,165	3,892	6,284	9,421	13,381	18,234
8.0	1,093	2,327	4,183	6,753	10,126	14,381	19,597
9.0	1,165	2,480	4,458	7,197	10,791	15,325	20,884
10.0	1,233	2,625	4,719	7,618	11,422	16,223	22,106
12.5	1,391	2,961	5,323	8,594	12,885	18,300	24,937
15.0	1,535	3,268	5,873	9,483	14,218	20,193	27,517
17.5	1,668	3,552	6,383	10,306	15,452	21,946	29,905
20.0	1,792	3,817	6,860	11,076	16,607	23,586	32,141

(Continued)

Legend:
$\varnothing_{in}$ is the internal diameter of water pipe

Water Supply System | 71

Table 3-1 (Continued)

$\varnothing_{in}$ (mm)	500	550	600	650	700	750	800
m/km	m³/day	m³/day	m³/day	m³/day	m³/day	m³/day	m³/day
0.1	2,426	3,116	3,916	4,833	5,872	7,039	8,340
0.2	3,527	4,530	5,694	7,027	8,537	10,234	12,125
0.3	4,390	5,639	7,088	8,746	10,627	12,739	15,093
0.4	5,128	6,587	8,279	10,216	12,412	14,879	17,629
0.5	5,784	7,430	9,339	11,524	14,002	16,785	19,886
0.6	6,383	8,199	10,305	12,717	15,450	18,521	21,944
0.7	6,937	8,911	11,199	13,821	16,791	20,129	23,848
0.8	7,455	9,577	12,037	14,854	18,047	21,633	25,631
0.9	7,945	10,206	12,827	15,829	19,232	23,054	27,314
1.0	8,410	10,803	13,578	16,756	20,358	24,404	28,913
1.1	8,854	11,373	14,295	17,641	21,433	25,692	30,440
1.2	9,280	11,921	14,982	18,489	22,464	26,928	31,904
1.3	9,690	12,447	15,644	19,306	23,456	28,118	33,314
1.4	10,085	12,955	16,283	20,094	24,414	29,266	34,674
1.5	10,468	13,447	16,901	20,857	25,340	30,376	35,990
1.6	10,839	13,924	17,500	21,596	26,239	31,454	37,266
1.7	11,200	14,387	18,083	22,315	27,112	32,500	38,506
1.8	11,551	14,838	18,649	23,014	27,962	33,519	39,713
1.9	11,893	15,278	19,202	23,696	28,790	34,512	40,890
2.0	12,227	15,707	19,741	24,362	29,599	35,481	42,038
2.2	12,873	16,536	20,784	25,648	31,162	37,355	44,258
2.4	13,492	17,332	21,783	26,882	32,661	39,152	46,387
2.6	14,088	18,097	22,746	28,069	34,103	40,881	48,436
2.8	14,663	18,836	23,674	29,215	35,496	42,550	50,413
3.0	15,220	19,551	24,573	30,324	36,843	44,165	52,327
4.0	17,778	22,836	28,702	35,420	43,034	51,587	61,120
5.0	20,054	25,761	32,377	39,956	48,545	58,193	68,946
6.0	22,129	28,426	35,727	44,089	53,567	64,213	76,079
7.0	24,049	30,893	38,828	47,916	58,216	69,786	82,683
8.0	25,847	33,203	41,731	51,498	62,569	75,004	88,864
9.0	27,545	35,383	44,471	54,880	66,677	79,929	94,699
10.0	29,157	37,454	47,075	58,093	70,580	84,608	100,243
12.5	32,890	42,250	53,102	65,531	79,618	95,442	113,079
15.0	36,293	46,621	58,596	72,311	87,855	105,315	124,777
17.5	39,443	50,668	63,682	78,587	95,480	114,457	135,608
20.0	42,392	54,456	68,443	84,463	102,619	123,014	145,746

(Continued)

Legend:
$\varnothing_{in}$ is the internal diameter of water pipe
Note:
1. This table uses Hazen-Williams coefficient, C=90.

72 | Formulation and Design Data for Civil Engineering

Table 3-1 (Continued)

$\varnothing_{in}$ (mm)	850	900	950	1000	1050	1100	1150
m/km	m³/day	m³/day	m³/day	m³/day	m³/day	m³/day	m³/day
0.1	9,780	11,364	13,099	14,989	17,039	19,254	21,639
0.2	14,219	16,523	19,045	21,793	24,773	27,994	31,462
0.3	17,699	20,567	23,706	27,126	30,836	34,845	39,162
0.4	20,673	24,023	27,690	31,685	36,018	40,701	45,744
0.5	23,320	27,099	31,236	35,742	40,630	45,913	51,601
0.6	25,733	29,903	34,467	39,440	44,834	50,663	56,939
0.7	27,966	32,498	37,459	42,863	48,725	55,060	61,881
0.8	30,057	34,928	40,259	46,067	52,368	59,177	66,508
0.9	32,031	37,221	42,903	49,092	55,807	63,062	70,875
1.0	33,906	39,400	45,414	51,966	59,074	66,754	75,024
1.1	35,696	41,481	47,813	54,711	62,194	70,279	78,986
1.2	37,414	43,476	50,113	57,342	65,185	73,660	82,786
1.3	39,066	45,396	52,326	59,875	68,064	76,913	86,442
1.4	40,661	47,250	54,462	62,320	70,843	80,054	89,971
1.5	42,204	49,043	56,529	64,685	73,532	83,092	93,386
1.6	43,701	50,782	58,534	66,979	76,140	86,039	96,698
1.7	45,155	52,472	60,482	69,208	78,673	88,902	99,916
1.8	46,570	54,117	62,377	71,377	81,139	91,688	103,047
1.9	47,950	55,720	64,225	73,491	83,543	94,405	106,100
2.0	49,297	57,285	66,029	75,555	85,889	97,056	109,080
2.2	51,900	60,310	69,516	79,545	90,425	102,181	114,840
2.4	54,397	63,211	72,860	83,372	94,775	107,097	120,365
2.6	56,799	66,003	76,078	87,054	98,961	111,827	125,681
2.8	59,118	68,698	79,184	90,608	103,001	116,392	130,812
3.0	61,362	71,305	82,190	94,047	106,910	120,810	135,777
4.0	71,674	83,288	96,002	109,852	124,877	141,112	158,594
5.0	80,852	93,953	108,294	123,918	140,867	159,181	178,902
6.0	89,216	103,673	119,498	136,738	155,440	175,649	197,410
7.0	96,960	112,671	129,870	148,607	168,932	190,895	214,544
8.0	104,209	121,095	139,579	159,717	181,562	205,167	230,585
9.0	111,051	129,047	148,745	170,205	193,484	218,639	245,726
10.0	117,552	136,601	157,452	180,168	204,810	231,438	260,110
12.5	132,605	154,092	177,613	203,238	231,036	261,073	293,417
15.0	146,323	170,034	195,988	224,264	254,937	288,082	323,772
17.5	159,024	184,792	213,000	243,730	277,065	313,087	351,874
20.0	170,913	198,608	228,924	261,952	297,780	336,494	378,182

(Continued)

Legend:
$\varnothing_{in}$ is the internal diameter of water pipe
Note:
1. This table uses Hazen-Williams coefficient, C=90.

Water Supply System | 73

Table 3-1 (Continued)

$\varnothing_{in}$ (mm)	1200	1250	1300	1350	1400	1450	1500
m/km	m³/day	m³/day	m³/day	m³/day	m³/day	m³/day	m³/day
0.1	24,200	26,939	29,864	32,977	36,283	39,788	43,494
0.2	35,184	39,168	43,420	47,946	52,753	57,848	63,238
0.3	43,796	48,754	54,047	59,680	65,665	72,007	78,715
0.4	51,156	56,948	63,129	69,710	76,699	84,107	91,943
0.5	57,706	64,240	71,213	78,636	86,521	94,877	103,716
0.6	63,676	70,885	78,580	86,771	95,472	104,693	114,446
0.7	69,203	77,038	85,400	94,303	103,758	113,780	124,379
0.8	74,377	82,798	91,785	101,353	111,516	122,286	133,679
0.9	79,261	88,235	97,812	108,008	118,838	130,316	142,456
1.0	83,901	93,400	103,538	114,331	125,795	137,945	150,796
1.1	88,331	98,332	109,006	120,369	132,438	145,229	158,759
1.2	92,580	103,062	114,249	126,159	138,809	152,216	166,396
1.3	96,669	107,614	119,296	131,731	144,940	158,938	173,745
1.4	100,616	112,008	124,166	137,109	150,857	165,427	180,839
1.5	104,435	116,259	128,879	142,313	156,583	171,706	187,703
1.6	108,139	120,382	133,449	147,360	162,136	177,795	194,359
1.7	111,737	124,388	137,890	152,264	167,531	183,712	200,827
1.8	115,239	128,287	142,212	157,036	172,782	189,470	207,121
1.9	118,653	132,087	146,425	161,689	177,901	195,083	213,257
2.0	121,985	135,797	150,537	166,229	182,897	200,562	219,246
2.2	128,428	142,968	158,487	175,008	192,556	211,153	230,825
2.4	134,605	149,845	166,111	183,426	201,818	221,311	241,928
2.6	140,550	156,464	173,447	191,528	210,732	231,085	252,614
2.8	146,289	162,851	180,528	199,347	219,335	240,520	262,927
3.0	151,841	169,033	187,381	206,914	227,660	249,649	272,906
4.0	177,358	197,439	218,870	241,686	265,919	291,602	318,768
5.0	200,068	222,720	246,896	272,633	299,969	328,941	359,586
6.0	220,766	245,761	272,438	300,838	331,002	362,972	396,787
7.0	239,928	267,093	296,085	326,950	359,732	394,476	431,226
8.0	257,866	287,062	318,221	351,394	386,627	423,969	463,467
9.0	274,799	305,911	339,177	374,467	412,014	451,808	493,900
10.0	290,885	323,819	358,969	396,389	436,133	478,257	522,812
12.5	328,132	365,283	404,933	447,145	491,979	539,496	589,757
15.0	362,079	403,073	446,826	493,404	542,877	595,310	650,770
17.5	393,506	438,059	485,609	536,230	589,997	646,981	707,255
20.0	422,926	470,810	521,915	576,321	634,107	695,352	760,132

(Continued)

Legend:
$\varnothing_{in}$ is the internal diameter of water pipe
Note:
1. This table uses Hazen-Williams coefficient, C=90.

74 | Formulation and Design Data for Civil Engineering

Table 3-1 (Continued)

$\emptyset_{in}$ (mm)	1550	1600	1650	1700	1750	1800	1850
m/km	m³/day	m³/day	m³/day	m³/day	m³/day	m³/day	m³/day
0.1	47,408	51,532	55,871	60,430	65,212	70,222	75,464
0.2	68,927	74,924	81,233	87,861	94,814	102,098	109,719
0.3	85,797	93,261	101,114	109,365	118,020	127,087	136,573
0.4	100,215	108,934	118,107	127,744	137,853	148,444	159,524
0.5	113,048	122,882	133,230	144,101	155,505	167,451	179,951
0.6	124,743	135,595	147,013	159,009	171,592	184,775	198,567
0.7	135,570	147,364	159,774	172,810	186,486	200,813	215,802
0.8	145,706	158,382	171,719	185,730	200,429	215,827	231,937
0.9	155,274	168,782	182,995	197,926	213,589	229,998	247,166
1.0	164,363	178,662	193,707	209,512	226,093	243,462	261,635
1.1	173,043	188,097	203,937	220,577	238,033	256,320	275,452
1.2	181,367	197,145	213,747	231,187	249,483	268,650	288,703
1.3	189,378	205,853	223,187	241,398	260,502	280,515	301,454
1.4	197,109	214,257	232,299	251,254	271,138	291,968	313,761
1.5	204,591	222,389	241,117	260,790	281,429	303,050	325,670
1.6	211,846	230,276	249,667	270,039	291,409	313,796	337,219
1.7	218,896	237,939	257,975	279,024	301,106	324,238	348,441
1.8	225,757	245,397	266,061	287,770	310,544	334,401	359,362
1.9	232,445	252,666	273,943	296,295	319,744	344,308	370,008
2.0	238,972	259,762	281,636	304,616	328,723	353,977	380,399
2.2	251,593	273,480	296,510	320,703	346,083	372,671	400,488
2.4	263,695	286,636	310,773	336,130	362,731	390,598	419,753
2.6	275,342	299,295	324,499	350,976	378,752	407,849	438,293
2.8	286,583	311,515	337,747	365,305	394,215	424,500	456,187
3.0	297,461	323,338	350,566	379,171	409,178	440,613	473,501
4.0	347,449	377,675	409,479	442,890	477,940	514,658	553,073
5.0	391,939	426,036	461,912	499,601	539,139	580,558	623,893
6.0	432,487	470,111	509,698	551,287	594,915	640,619	688,437
7.0	470,025	510,915	553,939	599,137	646,552	696,223	748,192
8.0	505,166	549,113	595,353	643,931	694,891	748,276	804,130
9.0	538,337	585,170	634,446	686,214	740,520	797,410	856,932
10.0	569,851	619,426	671,587	726,385	783,869	844,090	907,096
12.5	642,819	698,741	757,581	819,396	884,242	952,173	1,023,247
15.0	709,321	771,029	835,957	904,166	975,720	1,050,680	1,129,106
17.5	770,888	837,952	908,515	982,645	1,060,410	1,141,876	1,227,109
20.0	828,523	900,601	976,439	1,056,112	1,139,690	1,227,247	1,318,853

(Continued)

Legend:
$\emptyset_{in}$ is the internal diameter of water pipe
Note:
1. This table uses Hazen-Williams coefficient, C=90.

Water Supply System | 75

Table 3-1 (Continued)

$Ø_{in}$ (mm)	1900	1950	2000	2050	2100
m/km	m³/day	m³/day	m³/day	m³/day	m³/day
0.1	80,941	86,658	92,619	98,827	105,287
0.2	117,683	125,995	134,661	143,688	153,079
0.3	146,486	156,832	167,620	178,855	190,545
0.4	171,103	183,188	195,788	208,912	222,566
0.5	193,012	206,645	220,858	235,662	251,065
0.6	212,980	228,023	243,707	260,042	277,039
0.7	231,466	247,814	264,860	282,613	301,085
0.8	248,771	266,342	284,662	303,743	323,596
0.9	265,106	283,831	303,354	323,687	344,844
1.0	280,625	300,446	321,112	342,636	365,031
1.1	295,445	316,313	338,070	360,731	384,309
1.2	309,657	331,529	354,333	378,083	402,795
1.3	323,334	346,172	369,982	394,782	420,586
1.4	336,535	360,305	385,088	410,900	437,757
1.5	349,308	373,980	399,704	426,496	454,372
1.6	361,695	387,243	413,878	441,620	470,485
1.7	373,731	400,129	427,651	456,316	486,141
1.8	385,446	412,670	441,055	470,618	501,379
1.9	396,864	424,895	454,121	484,560	516,232
2.0	408,009	436,828	466,874	498,168	530,730
2.2	429,557	459,897	491,530	524,477	558,758
2.4	450,220	482,020	515,174	549,706	585,636
2.6	470,105	503,309	537,928	573,985	611,502
2.8	489,298	523,857	559,890	597,419	636,467
3.0	507,869	543,741	581,141	620,094	660,625
4.0	593,217	635,117	678,802	724,301	771,643
5.0	669,176	716,441	765,720	817,046	870,450
6.0	738,406	790,561	844,938	901,573	960,502
7.0	802,497	859,179	918,276	979,827	1,043,870
8.0	862,495	923,414	986,930	1,053,083	1,121,914
9.0	919,130	984,049	1,051,735	1,122,232	1,195,583
10.0	972,935	1,041,655	1,113,303	1,187,927	1,265,572
12.5	1,097,516	1,175,036	1,255,858	1,340,037	1,427,625
15.0	1,211,059	1,296,599	1,385,783	1,478,670	1,575,319
17.5	1,316,176	1,409,139	1,506,064	1,607,014	1,712,052
20.0	1,414,578	1,514,492	1,618,664	1,727,161	1,840,052

Legend:
$Ø_{in}$ is the internal diameter of water pipe
Note:
1. This table uses Hazen-Williams coefficient, C=90.

76 | Formulation and Design Data for Civil Engineering

Table 3-2 Maximum discharge allowed for water pipes to achieve various head loss gradient (m/1000m) using Hazen-Williams head loss equation (C=100)

$\emptyset_{in}$ (mm)	150	200	250	300	350	400	450
m/km	m³/day	m³/day	m³/day	m³/day	m³/day	m³/day	m³/day
0.1	114	243	436	704	1,056	1,500	2,043
0.2	166	353	634	1,024	1,535	2,180	2,971
0.3	206	439	789	1,274	1,911	2,714	3,698
0.4	241	513	922	1,489	2,232	3,170	4,320
0.5	272	579	1,040	1,679	2,518	3,576	4,873
0.6	300	639	1,148	1,853	2,778	3,946	5,377
0.7	326	694	1,247	2,014	3,019	4,288	5,844
0.8	350	746	1,341	2,164	3,245	4,609	6,280
0.9	373	795	1,429	2,306	3,458	4,911	6,693
1.0	395	841	1,512	2,441	3,661	5,199	7,085
1.1	416	886	1,592	2,570	3,854	5,474	7,459
1.2	436	928	1,669	2,694	4,039	5,737	7,818
1.3	455	969	1,742	2,813	4,218	5,990	8,163
1.4	474	1,009	1,813	2,928	4,390	6,235	8,496
1.5	492	1,047	1,882	3,039	4,557	6,471	8,819
1.6	509	1,084	1,949	3,147	4,718	6,701	9,131
1.7	526	1,121	2,014	3,252	4,875	6,924	9,435
1.8	543	1,156	2,077	3,353	5,028	7,141	9,731
1.9	559	1,190	2,139	3,453	5,177	7,352	10,019
2.0	574	1,223	2,199	3,550	5,322	7,559	10,301
2.2	605	1,288	2,315	3,737	5,603	7,958	10,845
2.4	634	1,350	2,426	3,917	5,873	8,341	11,366
2.6	662	1,409	2,533	4,090	6,132	8,709	11,868
2.8	689	1,467	2,637	4,257	6,383	9,065	12,353
3.0	715	1,523	2,737	4,419	6,625	9,409	12,822
4.0	835	1,779	3,197	5,161	7,738	10,990	14,976
5.0	942	2,006	3,606	5,822	8,729	12,397	16,894
6.0	1,040	2,214	3,979	6,424	9,632	13,680	18,642
7.0	1,130	2,406	4,324	6,982	10,468	14,867	20,260
8.0	1,214	2,586	4,648	7,504	11,251	15,979	21,775
9.0	1,294	2,756	4,953	7,997	11,989	17,028	23,204
10.0	1,370	2,917	5,243	8,465	12,691	18,025	24,563
12.5	1,545	3,291	5,914	9,549	14,316	20,333	27,708
15.0	1,705	3,631	6,526	10,536	15,797	22,437	30,574
17.5	1,853	3,946	7,092	11,451	17,169	24,384	33,228
20.0	1,992	4,241	7,623	12,307	18,452	26,207	35,712

(Continued)

Legend:
$\emptyset_{in}$ is the internal diameter of water pipe

Water Supply System | 77

Table 3-2 (Continued)

$\varnothing_{in}$ (mm)	500	550	600	650	700	750	800
m/km	m³/day	m³/day	m³/day	m³/day	m³/day	m³/day	m³/day
0.1	2,695	3,462	4,351	5,370	6,524	7,821	9,266
0.2	3,919	5,034	6,327	7,807	9,486	11,371	13,472
0.3	4,878	6,266	7,875	9,718	11,807	14,154	16,770
0.4	5,697	7,319	9,198	11,351	13,792	16,533	19,588
0.5	6,427	8,256	10,376	12,805	15,558	18,650	22,096
0.6	7,092	9,110	11,450	14,130	17,167	20,579	24,382
0.7	7,707	9,901	12,444	15,356	18,657	22,365	26,498
0.8	8,284	10,641	13,374	16,504	20,052	24,037	28,479
0.9	8,827	11,339	14,252	17,588	21,369	25,616	30,349
1.0	9,344	12,003	15,086	18,618	22,620	27,115	32,126
1.1	9,838	12,637	15,883	19,601	23,814	28,547	33,822
1.2	10,311	13,245	16,647	20,544	24,960	29,920	35,449
1.3	10,766	13,830	17,382	21,451	26,062	31,242	37,015
1.4	11,206	14,395	18,092	22,327	27,126	32,517	38,526
1.5	11,631	14,941	18,779	23,174	28,156	33,751	39,989
1.6	12,044	15,471	19,445	23,996	29,154	34,948	41,407
1.7	12,444	15,986	20,092	24,794	30,124	36,111	42,785
1.8	12,835	16,487	20,722	25,572	31,069	37,243	44,126
1.9	13,215	16,975	21,335	26,329	31,989	38,347	45,433
2.0	13,586	17,452	21,935	27,069	32,887	39,423	46,709
2.2	14,303	18,374	23,093	28,498	34,624	41,505	49,175
2.4	14,991	19,257	24,204	29,869	36,290	43,502	51,541
2.6	15,654	20,108	25,273	31,188	37,892	45,423	53,817
2.8	16,293	20,929	26,305	32,461	39,439	47,278	56,015
3.0	16,911	21,723	27,303	33,694	40,936	49,072	58,141
4.0	19,753	25,374	31,891	39,356	47,816	57,319	67,911
5.0	22,282	28,623	35,975	44,395	53,938	64,658	76,607
6.0	24,587	31,584	39,697	48,988	59,519	71,348	84,532
7.0	26,721	34,325	43,142	53,240	64,685	77,540	91,869
8.0	28,719	36,892	46,368	57,220	69,521	83,338	98,738
9.0	30,605	39,314	49,412	60,978	74,086	88,810	105,221
10.0	32,397	41,616	52,305	64,547	78,423	94,009	111,381
12.5	36,545	46,944	59,003	72,813	88,464	106,046	125,643
15.0	40,326	51,801	65,107	80,345	97,617	117,017	138,641
17.5	43,826	56,297	70,758	87,319	106,089	127,174	150,675
20.0	47,102	60,506	76,048	93,847	114,021	136,682	161,940

(Continued)

Legend:
$\varnothing_{in}$ is the internal diameter of water pipe

Note:
1. This table uses Hazen-Williams coefficient, C=100.

Formulation and Design Data for Civil Engineering

Table 3-2 (Continued)

$\emptyset_{in}$ (mm)	850	900	950	1000	1050	1100	1150
m/km	m³/day	m³/day	m³/day	m³/day	m³/day	m³/day	m³/day
0.1	10,866	12,627	14,554	16,654	18,932	21,393	24,044
0.2	15,799	18,359	21,161	24,214	27,526	31,104	34,958
0.3	19,665	22,852	26,340	30,140	34,263	38,717	43,514
0.4	22,970	26,692	30,767	35,205	40,020	45,224	50,826
0.5	25,911	30,110	34,706	39,713	45,145	51,014	57,334
0.6	28,592	33,225	38,297	43,822	49,815	56,292	63,266
0.7	31,074	36,109	41,621	47,625	54,139	61,178	68,757
0.8	33,397	38,809	44,732	51,186	58,187	65,752	73,898
0.9	35,590	41,357	47,670	54,547	62,008	70,069	78,750
1.0	37,673	43,778	50,460	57,740	65,638	74,171	83,360
1.1	39,663	46,090	53,125	60,790	69,104	78,088	87,762
1.2	41,571	48,307	55,681	63,714	72,428	81,845	91,984
1.3	43,407	50,440	58,140	66,528	75,627	85,459	96,047
1.4	45,179	52,500	60,513	69,244	78,715	88,948	99,968
1.5	46,894	54,492	62,810	71,872	81,702	92,325	103,762
1.6	48,557	56,425	65,038	74,421	84,600	95,599	107,442
1.7	50,172	58,302	67,202	76,897	87,415	98,780	111,017
1.8	51,745	60,130	69,308	79,308	90,155	101,876	114,497
1.9	53,278	61,911	71,362	81,657	92,825	104,894	117,889
2.0	54,774	63,650	73,366	83,950	95,432	107,840	121,200
2.2	57,667	67,011	77,240	88,384	100,472	113,535	127,600
2.4	60,441	70,235	80,956	92,635	105,305	118,996	133,738
2.6	63,110	73,337	84,531	96,727	109,956	124,252	139,645
2.8	65,687	76,331	87,982	100,676	114,445	129,325	145,346
3.0	68,180	79,228	91,322	104,497	118,789	134,233	150,863
4.0	79,638	92,542	106,668	122,058	138,752	156,791	176,216
5.0	89,835	104,392	120,327	137,687	156,519	176,868	198,780
6.0	99,129	115,192	132,775	151,931	172,711	195,166	219,344
7.0	107,733	125,190	144,300	165,118	187,702	212,105	238,383
8.0	115,788	134,550	155,088	177,463	201,735	227,963	256,205
9.0	123,391	143,385	165,272	189,116	214,982	242,932	273,029
10.0	130,614	151,779	174,947	200,187	227,567	257,153	289,011
12.5	147,338	171,214	197,348	225,820	256,706	290,081	326,019
15.0	162,581	188,926	217,765	249,182	283,264	320,091	359,747
17.5	176,693	205,325	236,666	270,811	307,850	347,874	390,972
20.0	189,903	220,676	254,360	291,058	330,866	373,883	420,202

(Continued)

Legend:
$\emptyset_{in}$ is the internal diameter of water pipe
Note:
1. This table uses Hazen-Williams coefficient, C=100.

Water Supply System | 79

Table 3-2 (Continued)

$\emptyset_{in}$ (mm)	1200	1250	1300	1350	1400	1450	1500
m/km	m³/day	m³/day	m³/day	m³/day	m³/day	m³/day	m³/day
0.1	26,888	29,933	33,182	36,641	40,315	44,208	48,327
0.2	39,094	43,520	48,244	53,273	58,615	64,276	70,264
0.3	48,662	54,172	60,052	66,312	72,961	80,007	87,461
0.4	56,840	63,275	70,143	77,455	85,222	93,453	102,159
0.5	64,118	71,377	79,125	87,373	96,134	105,419	115,240
0.6	70,751	78,762	87,311	96,412	106,079	116,325	127,162
0.7	76,892	85,598	94,889	104,781	115,287	126,422	138,199
0.8	82,641	91,997	101,983	112,615	123,906	135,874	148,532
0.9	88,067	98,038	108,680	120,009	132,042	144,795	158,285
1.0	93,223	103,778	115,042	127,035	139,772	153,272	167,551
1.1	98,146	109,258	121,118	133,743	147,153	161,366	176,399
1.2	102,867	114,514	126,944	140,177	154,232	169,128	184,885
1.3	107,410	119,572	132,551	146,368	161,044	176,598	193,050
1.4	111,796	124,453	137,962	152,344	167,619	183,808	200,932
1.5	116,039	129,177	143,199	158,126	173,981	190,785	208,559
1.6	120,154	133,758	148,277	163,734	180,151	197,550	215,955
1.7	124,152	138,209	153,211	169,182	186,146	204,124	223,141
1.8	128,044	142,541	158,013	174,485	191,980	210,522	230,135
1.9	131,837	146,764	162,694	179,654	197,667	216,759	236,952
2.0	135,539	150,885	167,263	184,699	203,219	222,846	243,607
2.2	142,697	158,853	176,096	194,453	213,951	234,615	256,472
2.4	149,561	166,495	184,567	203,807	224,242	245,901	268,809
2.6	156,167	173,848	192,719	212,809	234,147	256,761	280,682
2.8	162,543	180,946	200,587	221,497	243,706	267,244	292,141
3.0	168,712	187,814	208,201	229,904	252,956	277,388	303,229
4.0	197,065	219,376	243,189	268,539	295,465	324,003	354,187
5.0	222,298	247,467	274,328	302,925	333,299	365,490	399,540
6.0	245,296	273,068	302,709	334,264	367,780	403,302	440,874
7.0	266,587	296,770	328,983	363,277	399,702	438,307	479,140
8.0	286,518	318,957	353,579	390,437	429,586	471,077	514,963
9.0	305,332	339,901	376,796	416,075	457,794	502,009	548,777
10.0	323,206	359,799	398,854	440,432	484,593	531,397	580,902
12.5	364,591	405,870	449,926	496,828	546,643	599,440	655,285
15.0	402,310	447,859	496,473	548,227	603,196	661,455	723,078
17.5	437,229	486,732	539,565	595,811	655,552	718,868	785,838
20.0	469,918	523,122	579,905	640,356	704,563	772,613	844,591

(Continued)

Legend:
$\emptyset_{in}$ is the internal diameter of water pipe
Note:
1. This table uses Hazen-Williams coefficient, C=100.

Table 3-2 (Continued)

$\varnothing_{in}$ (mm) m/km	1550 m³/day	1600 m³/day	1650 m³/day	1700 m³/day	1750 m³/day	1800 m³/day	1850 m³/day
0.1	52,675	57,258	62,079	67,145	72,458	78,025	83,849
0.2	76,586	83,248	90,259	97,623	105,349	113,443	121,910
0.3	95,330	103,623	112,349	121,517	131,133	141,207	151,748
0.4	111,350	121,037	131,230	141,937	153,170	164,937	177,249
0.5	125,608	136,536	148,033	160,112	172,783	186,057	199,945
0.6	138,603	150,661	163,348	176,676	190,658	205,306	220,630
0.7	150,634	163,738	177,526	192,011	207,207	223,125	239,780
0.8	161,896	175,980	190,799	206,367	222,698	239,807	257,707
0.9	172,526	187,535	203,327	219,918	237,322	255,554	274,629
1.0	182,626	198,513	215,230	232,792	251,214	270,514	290,706
1.1	192,270	208,997	226,596	245,085	264,481	284,800	306,058
1.2	201,519	219,051	237,496	256,875	277,204	298,500	320,781
1.3	210,420	228,725	247,986	268,220	289,447	311,684	334,949
1.4	219,011	238,063	258,110	279,171	301,264	324,409	348,624
1.5	227,323	247,099	267,907	289,767	312,699	336,722	361,856
1.6	235,385	255,862	277,408	300,043	323,788	348,663	374,688
1.7	243,217	264,376	286,639	310,027	334,562	360,265	387,156
1.8	250,841	272,663	295,623	319,745	345,049	371,557	399,291
1.9	258,272	280,740	304,381	329,217	355,271	382,564	411,120
2.0	265,525	288,624	312,929	338,462	365,248	393,308	422,666
2.2	279,547	303,867	329,455	356,337	384,537	414,079	444,987
2.4	292,995	318,484	345,303	373,478	403,034	433,997	466,393
2.6	305,935	332,550	360,554	389,973	420,835	453,166	486,992
2.8	318,426	346,127	375,274	405,895	438,016	471,667	506,874
3.0	330,512	359,265	389,518	421,301	454,642	489,570	526,113
4.0	386,054	419,639	454,977	492,100	531,044	571,842	614,526
5.0	435,488	473,373	513,235	555,112	599,043	645,065	693,214
6.0	480,541	522,346	566,332	612,541	661,017	711,799	764,931
7.0	522,250	567,684	615,487	665,708	718,391	773,581	831,324
8.0	561,296	610,126	661,504	715,479	772,101	831,417	893,477
9.0	598,152	650,189	704,941	762,460	822,800	886,011	952,146
10.0	633,168	688,251	746,207	807,094	870,966	937,878	1,007,884
12.5	714,243	776,379	841,757	910,440	982,491	1,057,971	1,136,941
15.0	788,135	856,699	928,841	1,004,629	1,084,134	1,167,422	1,254,563
17.5	856,543	931,058	1,009,461	1,091,828	1,178,233	1,268,751	1,363,455
20.0	920,581	1,000,668	1,084,933	1,173,457	1,266,323	1,363,608	1,465,392

(Continued)

Legend:
$\varnothing_{in}$ is the internal diameter of water pipe
Note:
1. This table uses Hazen-Williams coefficient, C=100.

Water Supply System | 81

Table 3-2 (Continued)

$\emptyset_{in}$ (mm)	1900	1950	2000	2050	2100
m/km	m³/day	m³/day	m³/day	m³/day	m³/day
0.1	89,935	96,287	102,910	109,808	116,985
0.2	130,759	139,994	149,624	159,653	170,088
0.3	162,762	174,258	186,244	198,728	211,717
0.4	190,114	203,542	217,542	232,124	247,296
0.5	214,458	229,605	245,398	261,847	278,962
0.6	236,644	253,359	270,785	288,936	307,821
0.7	257,184	275,349	294,289	314,015	334,539
0.8	276,412	295,936	316,291	337,492	359,551
0.9	294,562	315,368	337,060	359,653	383,160
1.0	311,806	333,829	356,791	380,707	405,590
1.1	328,273	351,459	375,634	400,812	427,010
1.2	344,064	368,366	393,703	420,092	447,550
1.3	359,260	384,635	411,092	438,647	467,317
1.4	373,927	400,339	427,875	456,555	486,396
1.5	388,120	415,534	444,115	473,884	504,858
1.6	401,884	430,269	459,865	490,689	522,761
1.7	415,257	444,587	475,167	507,017	540,157
1.8	428,273	458,523	490,061	522,909	557,088
1.9	440,960	472,106	504,579	538,400	573,591
2.0	453,344	485,364	518,749	553,520	589,699
2.2	477,285	510,997	546,145	582,752	620,842
2.4	500,244	535,577	572,416	610,784	650,707
2.6	522,339	559,232	597,698	637,761	679,446
2.8	543,664	582,064	622,100	663,799	707,186
3.0	564,299	604,156	645,712	688,994	734,028
4.0	659,130	705,685	754,224	804,779	857,381
5.0	743,529	796,046	850,801	907,829	967,166
6.0	820,451	878,401	938,820	1,001,748	1,067,224
7.0	891,663	954,643	1,020,306	1,088,696	1,159,856
8.0	958,328	1,026,016	1,096,589	1,170,092	1,246,571
9.0	1,021,255	1,093,388	1,168,595	1,246,924	1,328,426
10.0	1,081,039	1,157,394	1,237,004	1,319,919	1,406,191
12.5	1,219,463	1,305,595	1,395,398	1,488,930	1,586,250
15.0	1,345,622	1,440,665	1,539,759	1,642,967	1,750,354
17.5	1,462,417	1,565,710	1,673,405	1,785,571	1,902,280
20.0	1,571,754	1,682,769	1,798,515	1,919,068	2,044,502

Legend:
$\emptyset_{in}$ is the internal diameter of water pipe

Note:
1. This table uses Hazen-Williams coefficient, C=100.

Table 3-3 Maximum discharge allowed for water pipes to achieve various head loss gradient (m/1000m) using Hazen-Williams head loss equation (C=110)

$\varnothing_{in}$ (mm)	150	200	250	300	350	400	450
m/km	m³/day	m³/day	m³/day	m³/day	m³/day	m³/day	m³/day
0.1	125	267	480	775	1,161	1,650	2,248
0.2	182	388	698	1,126	1,689	2,398	3,268
0.3	227	483	868	1,402	2,102	2,985	4,068
0.4	265	564	1,014	1,637	2,455	3,487	4,752
0.5	299	637	1,144	1,847	2,769	3,933	5,360
0.6	330	702	1,262	2,038	3,056	4,340	5,915
0.7	358	763	1,372	2,215	3,321	4,717	6,428
0.8	385	820	1,475	2,381	3,570	5,070	6,909
0.9	411	874	1,571	2,537	3,804	5,403	7,362
1.0	435	926	1,663	2,686	4,027	5,719	7,793
1.1	458	974	1,751	2,827	4,239	6,021	8,205
1.2	480	1,021	1,836	2,963	4,443	6,311	8,599
1.3	501	1,066	1,917	3,094	4,639	6,589	8,979
1.4	521	1,110	1,995	3,221	4,829	6,858	9,346
1.5	541	1,152	2,071	3,343	5,012	7,119	9,700
1.6	560	1,193	2,144	3,461	5,190	7,371	10,044
1.7	579	1,233	2,215	3,577	5,363	7,616	10,379
1.8	597	1,271	2,285	3,689	5,531	7,855	10,704
1.9	615	1,309	2,352	3,798	5,695	8,088	11,021
2.0	632	1,346	2,418	3,905	5,854	8,315	11,331
2.2	665	1,417	2,546	4,111	6,164	8,754	11,929
2.4	697	1,485	2,669	4,309	6,460	9,175	12,503
2.6	728	1,550	2,787	4,499	6,745	9,580	13,055
2.8	758	1,614	2,900	4,683	7,021	9,971	13,588
3.0	787	1,675	3,010	4,860	7,287	10,350	14,104
4.0	919	1,956	3,516	5,677	8,512	12,089	16,474
5.0	1,036	2,207	3,967	6,404	9,602	13,637	18,583
6.0	1,144	2,435	4,377	7,067	10,595	15,048	20,506
7.0	1,243	2,647	4,757	7,680	11,515	16,354	22,286
8.0	1,336	2,845	5,112	8,254	12,376	17,577	23,952
9.0	1,424	3,031	5,448	8,796	13,188	18,731	25,525
10.0	1,507	3,209	5,767	9,311	13,960	19,828	27,019
12.5	1,700	3,620	6,506	10,503	15,748	22,366	30,479
15.0	1,876	3,994	7,179	11,590	17,377	24,680	33,632
17.5	2,038	4,341	7,802	12,596	18,886	26,822	36,551
20.0	2,191	4,665	8,385	13,538	20,297	28,828	39,284

(Continued)

Legend:
$\varnothing_{in}$ is the internal diameter of water pipe

Water Supply System | 83

Table 3-3 (Continued)

$\varnothing_{in}$ (mm)	500	550	600	650	700	750	800
m/km	m³/day	m³/day	m³/day	m³/day	m³/day	m³/day	m³/day
0.1	2,965	3,808	4,787	5,907	7,177	8,603	10,193
0.2	4,310	5,537	6,959	8,588	10,434	12,508	14,820
0.3	5,365	6,892	8,663	10,690	12,988	15,569	18,447
0.4	6,267	8,050	10,118	12,487	15,171	18,186	21,547
0.5	7,070	9,081	11,414	14,085	17,113	20,514	24,305
0.6	7,801	10,021	12,595	15,543	18,884	22,637	26,820
0.7	8,478	10,891	13,688	16,892	20,523	24,602	29,148
0.8	9,112	11,705	14,711	18,155	22,057	26,441	31,327
0.9	9,710	12,473	15,677	19,347	23,506	28,177	33,384
1.0	10,279	13,204	16,595	20,479	24,882	29,827	35,338
1.1	10,821	13,901	17,471	21,561	26,196	31,402	37,205
1.2	11,342	14,570	18,312	22,598	27,456	32,912	38,994
1.3	11,843	15,213	19,121	23,596	28,668	34,366	40,717
1.4	12,326	15,834	19,901	24,559	29,839	35,769	42,379
1.5	12,794	16,435	20,657	25,492	30,971	37,127	43,987
1.6	13,248	17,018	21,389	26,396	32,070	38,443	45,547
1.7	13,689	17,584	22,101	27,274	33,137	39,722	47,063
1.8	14,118	18,135	22,794	28,129	34,175	40,968	48,538
1.9	14,536	18,673	23,469	28,962	35,188	42,181	49,976
2.0	14,944	19,197	24,128	29,775	36,176	43,366	51,380
2.2	15,734	20,211	25,402	31,348	38,087	45,656	54,093
2.4	16,491	21,183	26,624	32,856	39,919	47,852	56,695
2.6	17,219	22,119	27,800	34,307	41,682	49,966	59,199
2.8	17,922	23,022	28,935	35,708	43,383	52,006	61,616
3.0	18,602	23,896	30,033	37,063	45,030	53,979	63,955
4.0	21,728	27,911	35,081	43,291	52,597	63,051	74,702
5.0	24,510	31,485	39,572	48,835	59,332	71,124	84,268
6.0	27,046	34,742	43,666	53,887	65,471	78,482	92,986
7.0	29,394	37,758	47,457	58,564	71,153	85,294	101,056
8.0	31,591	40,581	51,005	62,943	76,473	91,671	108,612
9.0	33,666	43,246	54,354	67,076	81,494	97,691	115,744
10.0	35,636	45,777	57,536	71,002	86,265	103,410	122,519
12.5	40,199	51,639	64,903	80,094	97,311	116,651	138,207
15.0	44,358	56,981	71,617	88,380	107,378	128,719	152,506
17.5	48,208	61,927	77,833	96,051	116,698	139,891	165,743
20.0	51,813	66,557	83,653	103,232	125,423	150,350	178,134

(Continued)

Legend:
$\varnothing_{in}$ is the internal diameter of water pipe
Note:
1. This table uses Hazen-Williams coefficient, C=110.

84 | Formulation and Design Data for Civil Engineering

Table 3-3 (Continued)

$\varnothing_{in}$ (mm) m/km	850 m³/day	900 m³/day	950 m³/day	1000 m³/day	1050 m³/day	1100 m³/day	1150 m³/day
0.1	11,953	13,890	16,010	18,320	20,825	23,533	26,448
0.2	17,378	20,195	23,277	26,635	30,278	34,215	38,454
0.3	21,632	25,137	28,974	33,154	37,689	42,589	47,865
0.4	25,267	29,361	33,843	38,726	44,022	49,746	55,909
0.5	28,502	33,121	38,177	43,685	49,659	56,116	63,068
0.6	31,451	36,548	42,126	48,204	54,797	61,921	69,592
0.7	34,181	39,720	45,783	52,388	59,553	67,296	75,633
0.8	36,736	42,689	49,206	56,305	64,006	72,327	81,287
0.9	39,149	45,493	52,437	60,002	68,208	77,076	86,625
1.0	41,440	48,156	55,506	63,514	72,201	81,588	91,696
1.1	43,629	50,699	58,438	66,869	76,014	85,897	96,539
1.2	45,728	53,138	61,249	70,085	79,671	90,029	101,183
1.3	47,747	55,484	63,954	73,181	83,190	94,005	105,651
1.4	49,697	57,750	66,565	76,168	86,586	97,843	109,965
1.5	51,583	59,942	69,091	79,059	89,872	101,557	114,139
1.6	53,412	62,067	71,541	81,863	93,060	105,158	118,186
1.7	55,190	64,133	73,922	84,587	96,156	108,658	122,119
1.8	56,919	66,143	76,239	87,238	99,170	112,063	125,947
1.9	58,606	68,102	78,498	89,823	102,108	115,383	129,678
2.0	60,252	70,015	80,702	92,345	104,976	118,624	133,320
2.2	63,433	73,712	84,964	97,222	110,519	124,888	140,360
2.4	66,485	77,258	89,051	101,899	115,836	130,896	147,112
2.6	69,421	80,670	92,984	106,399	120,952	136,677	153,610
2.8	72,255	83,964	96,781	110,743	125,890	142,257	159,881
3.0	74,998	87,151	100,454	114,947	130,668	147,657	165,949
4.0	87,601	101,797	117,335	134,264	152,627	172,470	193,837
5.0	98,819	114,831	132,360	151,456	172,170	194,555	218,658
6.0	109,042	126,711	146,053	167,124	189,982	214,682	241,279
7.0	118,506	137,709	158,730	181,630	206,472	233,316	262,221
8.0	127,366	148,005	170,597	195,210	221,909	250,760	281,826
9.0	135,730	157,724	181,799	208,028	236,480	267,225	300,331
10.0	143,675	166,957	192,442	220,206	250,324	282,869	317,913
12.5	162,072	188,335	217,083	248,402	282,377	319,089	358,620
15.0	178,839	207,819	239,541	274,101	311,590	352,100	395,721
17.5	194,362	225,857	260,333	297,892	338,635	382,662	430,069
20.0	208,893	242,743	279,796	320,163	363,953	411,271	462,222

(Continued)

Legend:
$\varnothing_{in}$ is the internal diameter of water pipe
Note:
1. This table uses Hazen-Williams coefficient, C=110.

Water Supply System | 85

Table 3-3 (Continued)

$Ø_{in}$ (mm)	1200	1250	1300	1350	1400	1450	1500
m/km	m³/day	m³/day	m³/day	m³/day	m³/day	m³/day	m³/day
0.1	29,577	32,926	36,500	40,305	44,346	48,629	53,160
0.2	43,003	47,872	53,068	58,600	64,476	70,704	77,290
0.3	53,528	59,589	66,057	72,943	80,257	88,008	96,207
0.4	62,524	69,603	77,158	85,201	93,744	102,798	112,375
0.5	70,530	78,515	87,038	96,111	105,747	115,961	126,764
0.6	77,826	86,638	96,042	106,054	116,687	127,958	139,878
0.7	84,581	94,158	104,378	115,259	126,816	139,064	152,019
0.8	90,905	101,197	112,182	123,876	136,297	149,461	163,385
0.9	96,874	107,842	119,548	132,010	145,247	159,275	174,113
1.0	102,545	114,155	126,546	139,738	153,749	168,599	184,306
1.1	107,961	120,184	133,229	147,118	161,869	177,503	194,039
1.2	113,154	125,965	139,638	154,195	169,655	186,041	203,373
1.3	118,152	131,529	145,806	161,005	177,148	194,258	212,356
1.4	122,975	136,899	151,758	167,578	184,381	202,189	221,025
1.5	127,643	142,095	157,518	173,939	191,379	209,863	229,414
1.6	132,169	147,134	163,104	180,107	198,166	217,305	237,550
1.7	136,567	152,030	168,532	186,100	204,760	224,537	245,455
1.8	140,848	156,795	173,814	191,933	211,178	231,575	253,148
1.9	145,021	161,440	178,964	197,619	217,434	238,435	260,648
2.0	149,093	165,974	183,989	203,169	223,540	245,131	267,968
2.2	156,967	174,739	193,706	213,899	235,346	258,076	282,119
2.4	164,518	183,144	203,024	224,188	246,667	270,491	295,690
2.6	171,784	191,233	211,991	234,090	257,561	282,438	308,750
2.8	178,797	199,041	220,646	243,647	268,077	293,968	321,355
3.0	185,584	206,595	229,021	252,894	278,252	305,126	333,552
4.0	216,771	241,314	267,508	295,393	325,012	356,403	389,606
5.0	244,528	272,213	301,761	333,218	366,629	402,039	439,494
6.0	269,825	300,375	332,980	367,691	404,558	443,632	484,961
7.0	293,245	326,447	361,881	399,605	439,672	482,138	527,054
8.0	315,170	350,853	388,937	429,481	472,544	518,184	566,459
9.0	335,865	373,892	414,476	457,682	503,573	552,210	603,655
10.0	355,526	395,779	438,739	484,475	533,052	584,536	638,993
12.5	401,050	446,457	494,919	546,510	601,308	659,385	720,814
15.0	442,541	492,645	546,120	603,049	663,516	727,601	795,385
17.5	480,952	535,405	593,522	655,392	721,107	790,754	864,422
20.0	516,910	575,435	637,896	704,392	775,020	849,874	929,050

(Continued)

Legend:
$Ø_{in}$ is the internal diameter of water pipe
Note:
1. This table uses Hazen-Williams coefficient, C=110.

Table 3-3 (Continued)

$\varnothing_{in}$ (mm) m/km	1550 m³/day	1600 m³/day	1650 m³/day	1700 m³/day	1750 m³/day	1800 m³/day	1850 m³/day
0.1	57,943	62,983	68,287	73,859	79,704	85,827	92,234
0.2	84,244	91,573	99,285	107,386	115,884	124,787	134,101
0.3	104,863	113,986	123,584	133,668	144,246	155,328	166,922
0.4	122,485	133,141	144,353	156,131	168,487	181,431	194,974
0.5	138,169	150,189	162,837	176,123	190,061	204,663	219,940
0.6	152,464	165,727	179,683	194,344	209,724	225,836	242,693
0.7	165,697	180,112	195,279	211,213	227,927	245,438	263,758
0.8	178,085	193,578	209,879	227,004	244,968	263,788	283,478
0.9	189,779	206,289	223,660	241,910	261,054	281,109	302,092
1.0	200,888	218,365	236,753	256,071	276,336	297,565	319,777
1.1	211,497	229,897	249,256	269,594	290,929	313,280	336,664
1.2	221,671	240,956	261,246	282,562	304,924	328,350	352,859
1.3	231,462	251,598	272,785	295,042	318,392	342,852	368,444
1.4	240,912	261,870	283,921	307,088	331,390	356,849	383,486
1.5	250,056	271,809	294,698	318,744	343,969	370,394	398,041
1.6	258,923	281,448	305,149	330,047	356,166	383,529	412,157
1.7	267,539	290,814	315,303	341,030	368,018	396,291	425,872
1.8	275,925	299,929	325,186	351,719	379,554	408,713	439,221
1.9	284,099	308,814	334,819	362,139	390,798	420,821	452,232
2.0	292,077	317,487	344,222	372,309	401,773	432,639	464,932
2.2	307,502	334,254	362,401	391,971	422,990	455,487	489,486
2.4	322,294	350,332	379,833	410,826	443,338	477,397	513,032
2.6	336,529	365,806	396,610	428,971	462,919	498,482	535,691
2.8	350,268	380,740	412,802	446,484	481,818	518,834	557,561
3.0	363,563	395,191	428,470	463,431	500,106	538,527	578,724
4.0	424,660	461,603	500,474	541,310	584,149	629,026	675,979
5.0	479,036	520,710	564,559	610,624	658,947	709,571	762,536
6.0	528,595	574,580	622,965	673,795	727,118	782,979	841,424
7.0	574,475	624,452	677,036	732,279	790,230	850,939	914,456
8.0	617,425	671,138	727,654	787,027	849,311	914,559	982,825
9.0	657,968	715,208	775,435	838,706	905,080	974,612	1,047,361
10.0	696,485	757,076	820,828	887,803	958,063	1,031,666	1,108,673
12.5	785,668	854,017	925,933	1,001,484	1,080,740	1,163,768	1,250,635
15.0	866,948	942,369	1,021,725	1,105,092	1,192,547	1,284,165	1,380,019
17.5	942,197	1,024,164	1,110,407	1,201,011	1,296,056	1,395,626	1,499,800
20.0	1,012,639	1,100,734	1,193,426	1,290,803	1,392,955	1,499,969	1,611,932

(Continued)

Legend:
$\varnothing_{in}$ is the internal diameter of water pipe
Note:
1. This table uses Hazen-Williams coefficient, C=110.

Table 3-3 (Continued)

$\varnothing_{in}$ (mm)	1900	1950	2000	2050	2100
m/km	m³/day	m³/day	m³/day	m³/day	m³/day
0.1	98,928	105,916	113,201	120,789	128,684
0.2	143,835	153,994	164,586	175,618	187,097
0.3	179,038	191,684	204,868	218,600	232,889
0.4	209,125	223,896	239,297	255,336	272,026
0.5	235,903	252,566	269,938	288,031	306,858
0.6	260,309	278,695	297,864	317,830	338,604
0.7	282,903	302,884	323,718	345,416	367,993
0.8	304,053	325,529	347,920	371,241	395,506
0.9	324,019	346,905	370,766	395,618	421,476
1.0	342,987	367,212	392,470	418,777	446,149
1.1	361,100	386,605	413,197	440,893	469,711
1.2	378,470	405,202	433,073	462,102	492,305
1.3	395,186	423,099	452,201	482,511	514,049
1.4	411,320	440,372	470,663	502,211	535,036
1.5	426,932	457,087	488,527	521,272	555,344
1.6	442,072	473,296	505,851	539,758	575,038
1.7	456,783	489,046	522,684	557,719	594,173
1.8	471,100	504,375	539,067	575,200	612,797
1.9	485,056	519,317	555,037	592,240	630,950
2.0	498,678	533,901	570,624	608,872	648,669
2.2	525,014	562,096	600,759	641,027	682,926
2.4	550,269	589,135	629,658	671,863	715,777
2.6	574,573	615,155	657,468	701,537	747,391
2.8	598,030	640,270	684,310	730,179	777,904
3.0	620,729	664,572	710,283	757,893	807,430
4.0	725,043	776,254	829,647	885,257	943,119
5.0	817,882	875,651	935,881	998,612	1,063,883
6.0	902,496	966,241	1,032,702	1,101,923	1,173,946
7.0	980,830	1,050,107	1,122,337	1,197,566	1,275,841
8.0	1,054,161	1,128,618	1,206,247	1,287,101	1,371,228
9.0	1,123,381	1,202,727	1,285,454	1,371,617	1,461,268
10.0	1,189,143	1,273,134	1,360,704	1,451,910	1,546,810
12.5	1,341,409	1,436,155	1,534,938	1,637,823	1,744,875
15.0	1,480,184	1,584,732	1,693,734	1,807,264	1,925,390
17.5	1,608,659	1,722,281	1,840,745	1,964,128	2,092,508
20.0	1,728,929	1,851,046	1,978,367	2,110,975	2,248,952

Legend:
$\varnothing_{in}$ is the internal diameter of water pipe

Note:
1. This table uses Hazen-Williams coefficient, C=110.

88 | Formulation and Design Data for Civil Engineering

Table 3-4 Maximum discharge allowed for water pipes to achieve various head loss gradient (m/1000m) using Hazen-Williams head loss equation (C=120)

$\emptyset_{in}$ (mm)	150	200	250	300	350	400	450
m/km	m³/day	m³/day	m³/day	m³/day	m³/day	m³/day	m³/day
0.1	137	291	523	845	1,267	1,799	2,452
0.2	199	423	761	1,229	1,842	2,616	3,565
0.3	247	527	947	1,529	2,293	3,257	4,438
0.4	289	616	1,106	1,786	2,678	3,804	5,184
0.5	326	694	1,248	2,015	3,021	4,291	5,847
0.6	360	766	1,377	2,224	3,334	4,735	6,452
0.7	391	833	1,497	2,417	3,623	5,146	7,012
0.8	420	895	1,609	2,597	3,894	5,531	7,537
0.9	448	954	1,714	2,768	4,150	5,894	8,031
1.0	474	1,010	1,815	2,930	4,393	6,239	8,502
1.1	499	1,063	1,910	3,084	4,625	6,568	8,951
1.2	523	1,114	2,002	3,233	4,847	6,884	9,381
1.3	546	1,163	2,091	3,376	5,061	7,188	9,795
1.4	569	1,211	2,176	3,513	5,268	7,482	10,195
1.5	590	1,257	2,259	3,647	5,468	7,766	10,582
1.6	611	1,301	2,339	3,776	5,662	8,041	10,958
1.7	631	1,345	2,417	3,902	5,850	8,309	11,322
1.8	651	1,387	2,492	4,024	6,033	8,569	11,677
1.9	671	1,428	2,566	4,143	6,212	8,823	12,023
2.0	689	1,468	2,638	4,260	6,387	9,071	12,361
2.2	726	1,545	2,778	4,485	6,724	9,550	13,013
2.4	761	1,620	2,911	4,700	7,047	10,009	13,639
2.6	794	1,691	3,040	4,908	7,359	10,451	14,242
2.8	827	1,760	3,164	5,108	7,659	10,878	14,823
3.0	858	1,827	3,284	5,302	7,950	11,291	15,386
4.0	1,002	2,134	3,836	6,193	9,286	13,188	17,972
5.0	1,131	2,408	4,327	6,986	10,475	14,877	20,273
6.0	1,248	2,657	4,775	7,709	11,558	16,416	22,370
7.0	1,356	2,887	5,189	8,378	12,562	17,841	24,312
8.0	1,457	3,103	5,577	9,005	13,501	19,175	26,129
9.0	1,553	3,307	5,943	9,596	14,387	20,434	27,845
10.0	1,644	3,500	6,291	10,158	15,230	21,630	29,475
12.5	1,854	3,949	7,097	11,458	17,180	24,400	33,249
15.0	2,046	4,357	7,831	12,644	18,957	26,924	36,689
17.5	2,224	4,735	8,511	13,741	20,602	29,261	39,874
20.0	2,390	5,089	9,147	14,768	22,143	31,449	42,855

(Continued)

Legend:
$\emptyset_{in}$ is the internal diameter of water pipe

Water Supply System | 89

Table 3-4 (Continued)

$Ø_{in}$ (mm)	500	550	600	650	700	750	800
m/km	m³/day	m³/day	m³/day	m³/day	m³/day	m³/day	m³/day
0.1	3,234	4,155	5,222	6,444	7,829	9,385	11,119
0.2	4,702	6,040	7,592	9,369	11,383	13,645	16,167
0.3	5,853	7,519	9,450	11,662	14,169	16,985	20,124
0.4	6,837	8,782	11,038	13,622	16,550	19,839	23,505
0.5	7,712	9,907	12,452	15,366	18,669	22,379	26,515
0.6	8,510	10,932	13,740	16,956	20,600	24,695	29,258
0.7	9,249	11,881	14,932	18,427	22,389	26,838	31,798
0.8	9,940	12,769	16,049	19,805	24,062	28,845	34,175
0.9	10,593	13,607	17,103	21,106	25,642	30,739	36,419
1.0	11,213	14,404	18,104	22,341	27,144	32,538	38,551
1.1	11,805	15,165	19,060	23,521	28,577	34,256	40,587
1.2	12,373	15,894	19,977	24,652	29,952	35,904	42,539
1.3	12,920	16,596	20,859	25,741	31,275	37,490	44,418
1.4	13,447	17,274	21,711	26,792	32,551	39,021	46,232
1.5	13,957	17,929	22,535	27,809	33,787	40,502	47,986
1.6	14,452	18,565	23,334	28,795	34,985	41,938	49,688
1.7	14,933	19,183	24,110	29,753	36,149	43,334	51,341
1.8	15,401	19,784	24,866	30,686	37,282	44,692	52,951
1.9	15,858	20,370	25,603	31,595	38,387	46,016	54,519
2.0	16,303	20,942	26,322	32,482	39,465	47,308	56,050
2.2	17,164	22,048	27,712	34,198	41,549	49,806	59,011
2.4	17,990	23,109	29,045	35,843	43,548	52,202	61,849
2.6	18,784	24,130	30,327	37,426	45,471	54,508	64,581
2.8	19,551	25,115	31,566	38,954	47,327	56,733	67,217
3.0	20,293	26,068	32,764	40,432	49,124	58,887	69,769
4.0	23,703	30,449	38,270	47,227	57,379	68,783	81,493
5.0	26,739	34,347	43,170	53,274	64,726	77,590	91,928
6.0	29,505	37,901	47,636	58,786	71,422	85,617	101,439
7.0	32,066	41,191	51,771	63,888	77,622	93,048	110,243
8.0	34,463	44,270	55,641	68,665	83,425	100,005	118,486
9.0	36,726	47,177	59,295	73,173	88,903	106,572	126,266
10.0	38,876	49,939	62,766	77,457	94,107	112,810	133,657
12.5	43,854	56,333	70,803	87,375	106,157	127,255	150,772
15.0	48,391	62,161	78,128	96,414	117,140	140,421	166,370
17.5	52,591	67,557	84,909	104,783	127,307	152,609	180,810
20.0	56,523	72,607	91,257	112,617	136,825	164,018	194,328

(Continued)

Legend:
$Ø_{in}$ is the internal diameter of water pipe

Note:
1. This table uses Hazen-Williams coefficient, C=120.

90 | Formulation and Design Data for Civil Engineering

Table 3-4 (Continued)

$\varnothing_{in}$ (mm)	850	900	950	1000	1050	1100	1150
m/km	m³/day	m³/day	m³/day	m³/day	m³/day	m³/day	m³/day
0.1	13,039	15,152	17,465	19,985	22,718	25,672	28,852
0.2	18,958	22,030	25,393	29,057	33,031	37,325	41,949
0.3	23,598	27,422	31,608	36,168	41,115	46,461	52,216
0.4	27,564	32,031	36,920	42,246	48,025	54,268	60,991
0.5	31,094	36,132	41,647	47,656	54,174	61,217	68,801
0.6	34,310	39,870	45,956	52,586	59,778	67,550	75,919
0.7	37,288	43,331	49,945	57,150	64,967	73,414	82,509
0.8	40,076	46,570	53,679	61,423	69,824	78,902	88,677
0.9	42,708	49,628	57,204	65,457	74,409	84,083	94,500
1.0	45,208	52,533	60,552	69,288	78,765	89,005	100,032
1.1	47,595	55,308	63,750	72,948	82,925	93,706	105,315
1.2	49,885	57,968	66,817	76,457	86,914	98,213	110,381
1.3	52,088	60,529	69,768	79,833	90,752	102,551	115,256
1.4	54,215	63,000	72,616	83,093	94,457	106,738	119,962
1.5	56,272	65,391	75,372	86,247	98,043	110,789	124,515
1.6	58,268	67,710	78,045	89,305	101,520	114,718	128,930
1.7	60,207	69,963	80,642	92,277	104,898	118,536	133,221
1.8	62,094	72,156	83,170	95,169	108,186	122,251	137,396
1.9	63,933	74,293	85,634	97,988	111,391	125,873	141,467
2.0	65,729	76,380	88,039	100,740	114,519	129,408	145,440
2.2	69,200	80,414	92,688	106,060	120,567	136,242	153,120
2.4	72,529	84,282	97,147	111,162	126,366	142,795	160,486
2.6	75,732	88,004	101,437	116,072	131,948	149,102	167,574
2.8	78,824	91,597	105,579	120,811	137,334	155,190	174,416
3.0	81,816	95,074	109,586	125,396	142,547	161,080	181,036
4.0	95,565	111,051	128,002	146,469	166,502	188,149	211,459
5.0	107,802	125,271	144,392	165,224	187,822	212,241	238,536
6.0	118,955	138,230	159,330	182,317	207,253	234,199	263,213
7.0	129,280	150,228	173,160	198,142	225,242	254,527	286,059
8.0	138,945	161,460	186,106	212,956	242,082	273,556	307,446
9.0	148,069	172,062	198,326	226,939	257,978	291,519	327,634
10.0	156,737	182,135	209,936	240,224	273,080	308,584	346,814
12.5	176,806	205,456	236,818	270,984	308,047	348,097	391,222
15.0	195,098	226,712	261,318	299,019	339,916	384,110	431,696
17.5	212,031	246,390	283,999	324,973	369,420	417,449	469,166
20.0	227,884	264,811	305,232	349,269	397,039	448,659	504,243

(Continued)

Legend:
$\varnothing_{in}$ is the internal diameter of water pipe

Note:
1. This table uses Hazen-Williams coefficient, C=120.

Table 3-4 (Continued)

$\varnothing_{in}$ (mm)	1200	1250	1300	1350	1400	1450	1500
m/km	m³/day	m³/day	m³/day	m³/day	m³/day	m³/day	m³/day
0.1	32,266	35,919	39,818	43,969	48,378	53,050	57,992
0.2	46,913	52,224	57,893	63,928	70,338	77,131	84,317
0.3	58,394	65,006	72,062	79,574	87,553	96,009	104,953
0.4	68,208	75,930	84,172	92,946	102,266	112,143	122,591
0.5	76,941	85,653	94,950	104,848	115,361	126,503	138,288
0.6	84,901	94,514	104,773	115,695	127,295	139,590	152,595
0.7	92,271	102,717	113,867	125,737	138,344	151,706	165,839
0.8	99,169	110,397	122,380	135,137	148,687	163,048	178,238
0.9	105,681	117,646	130,416	144,011	158,451	173,755	189,942
1.0	111,867	124,533	138,051	152,441	167,726	183,926	201,061
1.1	117,775	131,110	145,341	160,492	176,584	193,639	211,679
1.2	123,441	137,417	152,333	168,212	185,078	202,954	221,862
1.3	128,893	143,486	159,061	175,642	193,253	211,918	231,661
1.4	134,155	149,344	165,555	182,812	201,143	220,570	241,118
1.5	139,247	155,012	171,838	189,751	208,777	228,942	250,270
1.6	144,185	160,509	177,932	196,480	216,181	237,061	259,145
1.7	148,983	165,851	183,853	203,018	223,375	244,949	267,769
1.8	153,652	171,049	189,616	209,382	230,376	252,627	276,162
1.9	158,204	176,116	195,233	215,585	237,201	260,111	284,343
2.0	162,647	181,062	200,716	221,639	243,862	267,415	292,328
2.2	171,237	190,624	211,316	233,344	256,741	281,538	307,766
2.4	179,474	199,794	221,481	244,569	269,091	295,081	322,571
2.6	187,401	208,618	231,263	255,370	280,976	308,114	336,818
2.8	195,052	217,135	240,705	265,796	292,447	320,693	350,569
3.0	202,455	225,377	249,841	275,885	303,547	332,865	363,875
4.0	236,477	263,251	291,827	322,247	354,558	388,803	425,025
5.0	266,758	296,960	329,194	363,510	399,959	438,588	479,448
6.0	294,355	327,682	363,251	401,117	441,336	483,962	529,049
7.0	319,904	356,124	394,780	435,933	479,643	525,969	574,969
8.0	343,821	382,749	424,295	468,525	515,503	565,292	617,956
9.0	366,398	407,882	452,156	499,290	549,352	602,411	658,533
10.0	387,847	431,759	478,625	528,518	581,511	637,676	697,083
12.5	437,509	487,044	539,911	596,193	655,972	719,329	786,342
15.0	482,772	537,431	595,768	657,872	723,835	793,746	867,693
17.5	524,675	584,079	647,478	714,973	786,662	862,641	943,006
20.0	563,902	627,747	695,886	768,428	845,476	927,136	1,013,509

(Continued)

Legend:
$\varnothing_{in}$ is the internal diameter of water pipe
Note:
1. This table uses Hazen-Williams coefficient, C=120.

Table 3-4 (Continued)

Ø$_{in}$ (mm) m/km	1550 m³/day	1600 m³/day	1650 m³/day	1700 m³/day	1750 m³/day	1800 m³/day	1850 m³/day
0.1	63,210	68,709	74,495	80,573	86,950	93,630	100,619
0.2	91,903	99,898	108,310	117,148	126,419	136,131	146,292
0.3	114,396	124,348	134,819	145,820	157,360	169,449	182,097
0.4	133,620	145,245	157,476	170,325	183,804	197,925	212,699
0.5	150,730	163,843	177,640	192,135	207,340	223,269	239,934
0.6	166,324	180,793	196,018	212,012	228,790	246,367	264,756
0.7	180,760	196,486	213,031	230,414	248,648	267,751	287,736
0.8	194,275	211,176	228,959	247,640	267,238	287,769	309,249
0.9	207,031	225,042	243,993	263,901	284,786	306,665	329,555
1.0	219,151	238,216	258,276	279,350	301,457	324,617	348,847
1.1	230,724	250,796	271,916	294,103	317,377	341,760	367,270
1.2	241,823	262,861	284,996	308,250	332,644	358,200	384,937
1.3	252,504	274,470	297,583	321,864	347,336	374,020	401,939
1.4	262,813	285,676	309,733	335,005	361,517	389,290	418,348
1.5	272,788	296,519	321,489	347,720	375,238	404,066	434,227
1.6	282,462	307,034	332,889	360,051	388,545	418,395	449,626
1.7	291,861	317,251	343,967	372,033	401,475	432,318	464,588
1.8	301,009	327,195	354,748	383,694	414,059	445,869	479,150
1.9	309,926	336,888	365,257	395,060	426,325	459,077	493,344
2.0	318,630	346,349	375,515	406,155	438,297	471,970	507,199
2.2	335,457	364,640	395,346	427,604	461,444	496,895	533,984
2.4	351,594	382,181	414,364	448,174	483,641	520,797	559,671
2.6	367,123	399,061	432,665	467,968	505,002	543,799	584,390
2.8	382,111	415,353	450,329	487,074	525,620	566,000	608,249
3.0	396,614	431,118	467,422	505,561	545,570	587,483	631,335
4.0	463,265	503,567	545,972	590,520	637,253	686,210	737,431
5.0	522,585	568,048	615,882	666,135	718,852	774,077	831,857
6.0	576,649	626,815	679,598	735,050	793,220	854,159	917,917
7.0	626,700	681,220	738,585	798,850	862,069	928,298	997,589
8.0	673,555	732,151	793,805	858,575	926,521	997,701	1,072,173
9.0	717,783	780,227	845,929	914,952	987,360	1,063,214	1,142,575
10.0	759,802	825,901	895,449	968,513	1,045,159	1,125,454	1,209,461
12.5	857,092	931,655	1,010,109	1,092,528	1,178,989	1,269,565	1,364,329
15.0	945,762	1,028,039	1,114,609	1,205,555	1,300,960	1,400,907	1,505,475
17.5	1,027,851	1,117,270	1,211,353	1,310,193	1,413,880	1,522,501	1,636,146
20.0	1,104,698	1,200,801	1,301,919	1,408,149	1,519,587	1,636,330	1,758,471

(Continued)

Legend:
Ø$_{in}$ is the internal diameter of water pipe
Note:
1. This table uses Hazen-Williams coefficient, C=120.

Table 3-4 (Continued)

$\emptyset_{in}$ (mm)	1900	1950	2000	2050	2100
m/km	m³/day	m³/day	m³/day	m³/day	m³/day
0.1	107,922	115,544	123,492	131,769	140,382
0.2	156,911	167,993	179,548	191,583	204,106
0.3	195,314	209,110	223,493	238,473	254,060
0.4	228,137	244,250	261,051	278,549	296,755
0.5	257,349	275,526	294,478	314,216	334,754
0.6	283,973	304,030	324,943	346,723	369,386
0.7	308,621	330,419	353,147	376,818	401,447
0.8	331,695	355,123	379,549	404,990	431,461
0.9	353,475	378,441	404,472	431,583	459,792
1.0	374,167	400,595	428,149	456,848	486,708
1.1	393,927	421,751	450,760	480,974	512,412
1.2	412,877	442,039	472,443	504,111	537,061
1.3	431,112	461,562	493,310	526,376	560,781
1.4	448,713	480,406	513,450	547,866	583,676
1.5	465,744	498,640	532,938	568,661	605,830
1.6	482,261	516,323	551,838	588,827	627,314
1.7	498,308	533,505	570,201	608,421	648,188
1.8	513,927	550,227	588,073	627,491	668,505
1.9	529,152	566,527	605,495	646,080	688,309
2.0	544,013	582,437	622,499	664,224	707,639
2.2	572,742	613,196	655,373	699,302	745,010
2.4	600,293	642,693	686,899	732,941	780,848
2.6	626,806	671,079	717,238	765,313	815,336
2.8	652,397	698,477	746,520	796,558	848,623
3.0	677,159	724,988	774,855	826,792	880,833
4.0	790,956	846,822	905,069	965,735	1,028,857
5.0	892,235	955,255	1,020,961	1,089,395	1,160,600
6.0	984,541	1,054,081	1,126,584	1,202,097	1,280,669
7.0	1,069,996	1,145,572	1,224,368	1,306,436	1,391,827
8.0	1,149,993	1,231,219	1,315,906	1,404,110	1,495,886
9.0	1,225,506	1,312,066	1,402,314	1,496,309	1,594,111
10.0	1,297,247	1,388,873	1,484,404	1,583,902	1,687,429
12.5	1,463,355	1,566,714	1,674,478	1,786,716	1,903,500
15.0	1,614,746	1,728,798	1,847,710	1,971,560	2,100,425
17.5	1,754,901	1,878,852	2,008,086	2,142,686	2,282,736
20.0	1,886,104	2,019,323	2,158,218	2,302,881	2,453,402

Legend:
$\emptyset_{in}$ is the internal diameter of water pipe

Note:
1. This table uses Hazen-Williams coefficient, C=120.

94 | Formulation and Design Data for Civil Engineering

Table 3-5 Maximum discharge allowed for water pipes to achieve various head loss gradient (m/1000m) using Hazen-Williams head loss equation (C=130)

$\varnothing_{in}$ (mm)	150	200	250	300	350	400	450
m/km	m³/day	m³/day	m³/day	m³/day	m³/day	m³/day	m³/day
0.1	148	315	567	915	1,373	1,949	2,656
0.2	215	459	824	1,331	1,996	2,834	3,862
0.3	268	571	1,026	1,657	2,484	3,528	4,808
0.4	313	667	1,199	1,935	2,902	4,121	5,616
0.5	353	752	1,352	2,183	3,273	4,649	6,335
0.6	390	830	1,492	2,409	3,612	5,129	6,990
0.7	424	902	1,621	2,618	3,925	5,575	7,597
0.8	455	970	1,743	2,814	4,219	5,992	8,165
0.9	485	1,033	1,857	2,998	4,496	6,385	8,701
1.0	514	1,094	1,966	3,174	4,759	6,759	9,210
1.1	541	1,152	2,070	3,342	5,010	7,116	9,696
1.2	567	1,207	2,169	3,502	5,251	7,458	10,163
1.3	592	1,260	2,265	3,657	5,483	7,787	10,612
1.4	616	1,312	2,358	3,806	5,707	8,105	11,045
1.5	639	1,361	2,447	3,951	5,923	8,413	11,464
1.6	662	1,410	2,534	4,091	6,134	8,711	11,871
1.7	684	1,457	2,618	4,227	6,338	9,001	12,266
1.8	705	1,502	2,700	4,359	6,536	9,283	12,650
1.9	726	1,547	2,780	4,489	6,730	9,558	13,025
2.0	747	1,590	2,858	4,615	6,919	9,827	13,391
2.2	786	1,674	3,009	4,858	7,284	10,346	14,098
2.4	824	1,755	3,154	5,092	7,635	10,843	14,776
2.6	860	1,832	3,293	5,317	7,972	11,322	15,429
2.8	896	1,907	3,428	5,534	8,297	11,784	16,059
3.0	930	1,979	3,558	5,744	8,612	12,232	16,668
4.0	1,086	2,312	4,156	6,709	10,060	14,287	19,469
5.0	1,225	2,608	4,688	7,568	11,348	16,117	21,962
6.0	1,352	2,878	5,173	8,351	12,522	17,784	24,234
7.0	1,469	3,128	5,622	9,076	13,608	19,328	26,338
8.0	1,579	3,362	6,042	9,755	14,626	20,773	28,307
9.0	1,682	3,582	6,439	10,395	15,586	22,137	30,166
10.0	1,781	3,792	6,816	11,004	16,499	23,433	31,932
12.5	2,009	4,278	7,688	12,413	18,611	26,433	36,020
15.0	2,217	4,720	8,484	13,697	20,537	29,168	39,747
17.5	2,409	5,130	9,220	14,886	22,319	31,699	43,197
20.0	2,589	5,514	9,910	15,999	23,988	34,069	46,426

(Continued)

Legend:
$\varnothing_{in}$ is the internal diameter of water pipe

Water Supply System | 95

Table 3-5 (Continued)

$Ø_{in}$ (mm)	500	550	600	650	700	750	800
m/km	m³/day	m³/day	m³/day	m³/day	m³/day	m³/day	m³/day
0.1	3,504	4,501	5,657	6,981	8,481	10,167	12,046
0.2	5,094	6,544	8,225	10,150	12,331	14,782	17,514
0.3	6,341	8,145	10,238	12,634	15,350	18,400	21,800
0.4	7,407	9,514	11,958	14,757	17,929	21,492	25,464
0.5	8,355	10,732	13,489	16,646	20,225	24,244	28,725
0.6	9,219	11,843	14,885	18,369	22,317	26,753	31,696
0.7	10,020	12,871	16,177	19,963	24,254	29,075	34,447
0.8	10,769	13,833	17,386	21,455	26,068	31,248	37,023
0.9	11,476	14,741	18,528	22,864	27,779	33,300	39,454
1.0	12,148	15,604	19,612	24,203	29,405	35,250	41,764
1.1	12,789	16,428	20,648	25,481	30,958	37,111	43,969
1.2	13,404	17,219	21,641	26,707	32,448	38,896	46,084
1.3	13,996	17,979	22,597	27,886	33,881	40,614	48,120
1.4	14,568	18,713	23,520	29,025	35,264	42,272	50,084
1.5	15,121	19,423	24,412	30,126	36,602	43,877	51,985
1.6	15,657	20,112	25,278	31,195	37,900	45,433	53,829
1.7	16,178	20,781	26,119	32,233	39,162	46,945	55,620
1.8	16,685	21,433	26,938	33,243	40,389	48,416	57,363
1.9	17,179	22,068	27,736	34,228	41,586	49,850	59,063
2.0	17,662	22,688	28,515	35,189	42,753	51,250	60,721
2.2	18,594	23,886	30,021	37,047	45,011	53,957	63,928
2.4	19,489	25,035	31,465	38,830	47,177	56,553	67,003
2.6	20,350	26,140	32,855	40,545	49,260	59,050	69,963
2.8	21,180	27,208	34,196	42,200	51,271	61,461	72,819
3.0	21,984	28,240	35,494	43,802	53,217	63,794	75,583
4.0	25,679	32,986	41,459	51,162	62,161	74,515	88,284
5.0	28,967	37,210	46,767	57,714	70,120	84,056	99,589
6.0	31,964	41,059	51,606	63,684	77,374	92,752	109,892
7.0	34,738	44,623	56,085	69,212	84,090	100,802	119,430
8.0	37,335	47,959	60,278	74,387	90,377	108,339	128,359
9.0	39,787	51,109	64,236	79,271	96,311	115,453	136,788
10.0	42,116	54,100	67,997	83,912	101,949	122,211	144,795
12.5	47,508	61,028	76,703	94,656	115,004	137,860	163,336
15.0	52,423	67,341	84,639	104,449	126,902	152,122	180,234
17.5	56,974	73,186	91,985	113,515	137,916	165,326	195,878
20.0	61,233	78,658	98,862	122,002	148,227	177,687	210,522

(Continued)

Legend:
$Ø_{in}$ is the internal diameter of water pipe
Note:
1. This table uses Hazen-Williams coefficient, C=130.

96 | Formulation and Design Data for Civil Engineering

Table 3-5 (Continued)

$Ø_{in}$ (mm)	850	900	950	1000	1050	1100	1150
m/km	m³/day	m³/day	m³/day	m³/day	m³/day	m³/day	m³/day
0.1	14,126	16,415	18,921	21,650	24,612	27,811	31,257
0.2	20,538	23,866	27,509	31,478	35,783	40,436	45,445
0.3	25,565	29,707	34,242	39,182	44,541	50,332	56,568
0.4	29,861	34,700	39,997	45,767	52,027	58,791	66,074
0.5	33,685	39,143	45,118	51,627	58,688	66,319	74,535
0.6	37,170	43,193	49,786	56,968	64,760	73,180	82,246
0.7	40,396	46,942	54,107	61,913	70,381	79,531	89,384
0.8	43,416	50,451	58,152	66,542	75,643	85,477	96,067
0.9	46,267	53,764	61,971	70,911	80,610	91,090	102,375
1.0	48,975	56,911	65,598	75,062	85,329	96,423	108,368
1.1	51,562	59,917	69,063	79,026	89,835	101,515	114,091
1.2	54,042	62,799	72,385	82,828	94,156	106,398	119,579
1.3	56,429	65,573	75,582	86,486	98,315	111,097	124,861
1.4	58,732	68,250	78,668	90,017	102,329	115,633	129,958
1.5	60,962	70,840	81,653	93,434	106,213	120,022	134,891
1.6	63,124	73,352	84,549	96,747	109,979	124,278	139,675
1.7	65,224	75,793	87,363	99,967	113,639	128,414	144,323
1.8	67,268	78,169	90,101	103,100	117,201	132,439	148,846
1.9	69,261	80,485	92,770	106,154	120,673	136,362	153,256
2.0	71,206	82,745	95,375	109,135	124,062	140,192	157,560
2.2	74,967	87,115	100,412	114,899	130,614	147,595	165,880
2.4	78,573	91,305	105,242	120,426	136,897	154,695	173,860
2.6	82,043	95,338	109,891	125,745	142,943	161,527	181,539
2.8	85,393	99,230	114,377	130,879	148,779	168,122	188,950
3.0	88,634	102,997	118,718	135,846	154,426	174,503	196,122
4.0	103,529	120,305	138,669	158,675	180,377	203,829	229,080
5.0	116,786	135,710	156,425	178,993	203,474	229,928	258,414
6.0	128,868	149,750	172,608	197,511	224,525	253,715	285,148
7.0	140,053	162,747	187,590	214,654	244,013	275,737	309,897
8.0	150,524	174,915	201,615	230,702	262,256	296,352	333,067
9.0	160,408	186,401	214,853	245,851	279,477	315,812	354,937
10.0	169,798	197,312	227,431	260,243	295,837	334,299	375,715
12.5	191,540	222,578	256,553	293,566	333,718	377,105	423,824
15.0	211,356	245,604	283,094	323,937	368,243	416,119	467,671
17.5	229,701	266,922	307,666	352,054	400,205	452,236	508,263
20.0	246,874	286,878	330,668	378,375	430,126	486,047	546,263

(Continued)

Legend:
$Ø_{in}$ is the internal diameter of water pipe
Note:
1. This table uses Hazen-Williams coefficient, C=130.

Water Supply System | 97

Table 3-5 (Continued)

Ø$_{in}$ (mm)	1200	1250	1300	1350	1400	1450	1500
m/km	m³/day	m³/day	m³/day	m³/day	m³/day	m³/day	m³/day
0.1	34,955	38,913	43,136	47,633	52,409	57,471	62,825
0.2	50,822	56,576	62,717	69,255	76,199	83,559	91,343
0.3	63,261	70,423	78,067	86,205	94,849	104,010	113,699
0.4	73,892	82,258	91,186	100,692	110,788	121,488	132,806
0.5	83,353	92,790	102,863	113,585	124,974	137,045	149,812
0.6	91,976	102,390	113,504	125,336	137,903	151,223	165,311
0.7	99,960	111,277	123,356	136,215	149,873	164,348	179,659
0.8	107,433	119,597	132,579	146,399	161,078	176,636	193,091
0.9	114,488	127,450	141,284	156,012	171,655	188,234	205,770
1.0	121,190	134,911	149,555	165,145	181,704	199,253	217,816
1.1	127,590	142,035	157,453	173,866	191,299	209,776	229,319
1.2	133,727	148,868	165,027	182,230	200,502	219,867	240,350
1.3	139,634	155,443	172,316	190,278	209,357	229,578	250,966
1.4	145,334	161,789	179,351	198,047	217,905	238,951	261,212
1.5	150,851	167,930	186,158	205,564	226,175	248,020	271,126
1.6	156,200	173,885	192,760	212,854	234,196	256,816	280,741
1.7	161,398	179,671	199,174	219,937	241,989	265,361	290,083
1.8	166,457	185,303	205,417	226,830	249,574	273,679	299,175
1.9	171,388	190,793	211,502	233,550	256,968	281,787	308,038
2.0	176,201	196,151	217,442	240,109	264,184	289,700	316,689
2.2	185,506	206,509	228,925	252,789	278,136	304,999	333,414
2.4	194,430	216,443	239,937	264,949	291,515	319,671	349,452
2.6	203,017	226,003	250,535	276,651	304,391	333,790	364,886
2.8	211,306	235,230	260,763	287,946	316,818	347,417	379,783
3.0	219,326	244,158	270,661	298,875	328,843	360,604	394,198
4.0	256,184	285,189	316,145	349,101	384,105	421,203	460,443
5.0	288,988	321,707	356,627	393,803	433,288	475,137	519,402
6.0	318,885	354,989	393,522	434,543	478,114	524,292	573,136
7.0	346,563	385,801	427,678	472,260	519,613	569,799	622,883
8.0	372,473	414,645	459,653	507,569	558,461	612,400	669,452
9.0	396,931	441,872	489,835	540,897	595,132	652,612	713,410
10.0	420,167	467,739	518,510	572,561	629,971	690,816	755,173
12.5	473,969	527,631	584,904	645,876	710,636	779,273	851,871
15.0	523,003	582,217	645,415	712,695	784,155	859,892	940,001
17.5	568,398	632,752	701,435	774,555	852,217	934,528	1,021,590
20.0	610,893	680,059	753,877	832,463	915,932	1,004,397	1,097,968

(Continued)

Legend:
Ø$_{in}$ is the internal diameter of water pipe
Note:
1. This table uses Hazen-Williams coefficient, C=130.

Table 3-5 (Continued)

$\varnothing_{in}$ (mm) m/km	1550 m³/day	1600 m³/day	1650 m³/day	1700 m³/day	1750 m³/day	1800 m³/day	1850 m³/day
0.1	68,478	74,435	80,703	87,288	94,196	101,432	109,004
0.2	99,562	108,223	117,336	126,910	136,954	147,475	158,483
0.3	123,929	134,710	146,054	157,971	170,473	183,570	197,272
0.4	144,755	157,349	170,599	184,519	199,121	214,419	230,424
0.5	163,291	177,497	192,443	208,146	224,618	241,874	259,929
0.6	180,184	195,859	212,352	229,679	247,856	266,897	286,819
0.7	195,824	212,859	230,784	249,615	269,369	290,063	311,714
0.8	210,464	228,774	248,038	268,277	289,508	311,749	335,019
0.9	224,284	243,796	264,325	285,893	308,518	332,220	357,018
1.0	237,414	258,067	279,799	302,629	326,579	351,668	377,918
1.1	249,952	271,696	294,575	318,611	343,825	370,240	397,876
1.2	261,975	284,766	308,745	333,937	360,365	388,050	417,015
1.3	273,546	297,343	322,382	348,687	376,281	405,189	435,433
1.4	284,714	309,482	335,544	362,922	391,643	421,731	453,211
1.5	295,520	321,229	348,279	376,697	406,508	437,738	470,413
1.6	306,000	332,621	360,630	390,056	420,924	453,262	487,095
1.7	316,183	343,689	372,631	403,035	434,931	468,344	503,303
1.8	326,093	354,462	384,310	415,668	448,563	483,024	519,079
1.9	335,753	364,962	395,695	427,982	461,852	497,334	534,456
2.0	345,182	375,212	406,808	440,001	474,822	511,300	549,466
2.2	363,412	395,027	428,292	463,238	499,898	538,302	578,483
2.4	380,893	414,029	448,894	485,521	523,945	564,197	606,310
2.6	397,716	432,316	468,720	506,965	547,086	589,116	633,089
2.8	413,953	449,966	487,857	527,663	569,421	613,167	658,936
3.0	429,665	467,044	506,374	547,691	591,034	636,440	683,947
4.0	501,871	545,531	591,470	639,731	690,358	743,394	798,884
5.0	566,134	615,385	667,206	721,646	778,756	838,584	901,179
6.0	624,703	679,049	736,231	796,304	859,322	925,339	994,410
7.0	678,925	737,989	800,134	865,420	933,908	1,005,656	1,080,721
8.0	729,684	793,164	859,955	930,123	1,003,731	1,080,843	1,161,520
9.0	777,598	845,246	916,423	991,198	1,069,640	1,151,815	1,237,790
10.0	823,118	894,726	970,070	1,049,222	1,132,256	1,219,241	1,310,250
12.5	928,516	1,009,293	1,094,284	1,183,572	1,277,238	1,375,362	1,478,023
15.0	1,024,575	1,113,709	1,207,493	1,306,018	1,409,374	1,517,649	1,630,932
17.5	1,113,505	1,210,375	1,312,299	1,419,376	1,531,703	1,649,376	1,772,491
20.0	1,196,756	1,300,868	1,410,412	1,525,495	1,646,219	1,772,690	1,905,010

(Continued)

Legend:
$\varnothing_{in}$ is the internal diameter of water pipe
Note:
1. This table uses Hazen-Williams coefficient, C=130.

Water Supply System | 99

Table 3-5 (Continued)

$\varnothing_{in}$ (mm)	1900	1950	2000	2050	2100
m/km	m³/day	m³/day	m³/day	m³/day	m³/day
0.1	116,915	125,173	133,783	142,750	152,081
0.2	169,986	181,993	194,511	207,549	221,115
0.3	211,590	226,535	242,117	258,346	275,232
0.4	247,148	264,605	282,805	301,761	321,485
0.5	278,795	298,487	319,017	340,401	362,650
0.6	307,637	329,366	352,021	375,617	400,168
0.7	334,339	357,954	382,575	408,219	434,901
0.8	359,336	384,716	411,178	438,739	467,416
0.9	382,931	409,978	438,178	467,548	498,108
1.0	405,348	433,978	463,829	494,919	527,267
1.1	426,754	456,897	488,324	521,055	555,113
1.2	447,283	478,875	511,814	546,120	581,816
1.3	467,038	500,026	534,419	570,241	607,513
1.4	486,106	520,440	556,238	593,522	632,315
1.5	504,556	540,194	577,350	616,049	656,315
1.6	522,449	559,350	597,824	637,896	679,590
1.7	539,834	577,963	617,718	659,123	702,204
1.8	556,755	596,079	637,079	679,782	724,214
1.9	573,248	613,738	655,953	699,920	745,668
2.0	589,347	630,973	674,374	719,576	766,609
2.2	620,471	664,296	709,988	757,578	807,094
2.4	650,318	696,251	744,141	794,020	845,919
2.6	679,040	727,002	777,007	829,089	883,280
2.8	706,763	756,683	808,730	862,938	919,342
3.0	733,589	785,403	839,426	895,692	954,236
4.0	856,869	917,391	980,492	1,046,213	1,114,595
5.0	966,588	1,034,860	1,106,041	1,180,177	1,257,316
6.0	1,066,586	1,141,921	1,220,466	1,302,272	1,387,391
7.0	1,159,162	1,241,036	1,326,398	1,415,305	1,507,812
8.0	1,245,826	1,333,821	1,425,565	1,521,119	1,620,543
9.0	1,327,632	1,421,404	1,519,173	1,621,002	1,726,953
10.0	1,405,350	1,504,613	1,608,105	1,715,894	1,828,048
12.5	1,585,301	1,697,274	1,814,018	1,935,609	2,062,125
15.0	1,749,308	1,872,865	2,001,686	2,135,857	2,275,461
17.5	1,901,143	2,035,423	2,175,426	2,321,243	2,472,964
20.0	2,043,280	2,187,600	2,338,070	2,494,788	2,657,853

Legend:
$\varnothing_{in}$ is the internal diameter of water pipe
Note:
1. This table uses Hazen-Williams coefficient, C=130.

Formulation and Design Data for Civil Engineering

Table 3-6 Maximum discharge allowed for water pipes to achieve various head loss gradient (m/1000m) using Hazen-Williams head loss equation (C=140)

$Ø_{in}$ (mm)	150	200	250	300	350	400	450
m/km	m³/day	m³/day	m³/day	m³/day	m³/day	m³/day	m³/day
0.1	160	340	611	986	1,478	2,099	2,861
0.2	232	494	888	1,433	2,149	3,052	4,159
0.3	289	615	1,105	1,784	2,675	3,799	5,177
0.4	337	718	1,291	2,084	3,125	4,438	6,048
0.5	380	810	1,456	2,351	3,525	5,006	6,822
0.6	420	894	1,607	2,594	3,889	5,524	7,528
0.7	456	972	1,746	2,819	4,227	6,004	8,181
0.8	490	1,044	1,877	3,030	4,543	6,452	8,793
0.9	523	1,113	2,000	3,229	4,841	6,876	9,370
1.0	553	1,178	2,117	3,418	5,125	7,279	9,919
1.1	582	1,240	2,229	3,599	5,395	7,663	10,442
1.2	610	1,300	2,336	3,772	5,655	8,032	10,945
1.3	637	1,357	2,439	3,938	5,905	8,386	11,428
1.4	663	1,413	2,539	4,099	6,146	8,729	11,895
1.5	689	1,466	2,635	4,255	6,379	9,060	12,346
1.6	713	1,518	2,729	4,406	6,605	9,381	12,784
1.7	737	1,569	2,819	4,552	6,825	9,693	13,209
1.8	760	1,618	2,908	4,695	7,039	9,997	13,623
1.9	782	1,666	2,994	4,834	7,248	10,293	14,027
2.0	804	1,713	3,078	4,970	7,451	10,583	14,421
2.2	847	1,803	3,241	5,232	7,845	11,141	15,182
2.4	887	1,890	3,397	5,484	8,222	11,677	15,913
2.6	927	1,973	3,547	5,726	8,585	12,193	16,616
2.8	964	2,054	3,691	5,960	8,936	12,691	17,294
3.0	1,001	2,132	3,831	6,186	9,275	13,173	17,950
4.0	1,169	2,490	4,475	7,225	10,833	15,386	20,967
5.0	1,319	2,809	5,048	8,151	12,221	17,356	23,652
6.0	1,456	3,099	5,571	8,994	13,485	19,152	26,098
7.0	1,582	3,368	6,054	9,775	14,655	20,814	28,364
8.0	1,700	3,620	6,507	10,505	15,751	22,371	30,484
9.0	1,812	3,858	6,934	11,195	16,785	23,840	32,486
10.0	1,918	4,084	7,340	11,850	17,768	25,235	34,388
12.5	2,163	4,607	8,280	13,368	20,043	28,466	38,791
15.0	2,387	5,083	9,136	14,751	22,116	31,411	42,804
17.5	2,594	5,525	9,929	16,031	24,036	34,138	46,519
20.0	2,788	5,938	10,672	17,230	25,833	36,690	49,997

(Continued)

Legend:
$Ø_{in}$ is the internal diameter of water pipe

Water Supply System | 101

Table 3-6 (Continued)

$\emptyset_{in}$ (mm)	500	550	600	650	700	750	800
m/km	m³/day	m³/day	m³/day	m³/day	m³/day	m³/day	m³/day
0.1	3,773	4,847	6,092	7,518	9,134	10,949	12,973
0.2	5,486	7,047	8,857	10,930	13,280	15,919	18,861
0.3	6,829	8,772	11,025	13,606	16,530	19,816	23,477
0.4	7,976	10,246	12,878	15,892	19,308	23,146	27,423
0.5	8,998	11,558	14,527	17,927	21,781	26,109	30,934
0.6	9,928	12,754	16,030	19,782	24,034	28,810	34,135
0.7	10,790	13,861	17,421	21,499	26,120	31,311	37,097
0.8	11,597	14,897	18,724	23,106	28,073	33,652	39,871
0.9	12,358	15,875	19,953	24,623	29,916	35,862	42,489
1.0	13,082	16,805	21,121	26,065	31,667	37,961	44,976
1.1	13,773	17,692	22,236	27,441	33,340	39,966	47,351
1.2	14,435	18,543	23,306	28,761	34,944	41,888	49,629
1.3	15,073	19,362	24,335	30,031	36,487	43,738	51,821
1.4	15,688	20,153	25,329	31,257	37,977	45,524	53,937
1.5	16,284	20,918	26,290	32,444	39,418	47,252	55,984
1.6	16,861	21,659	27,223	33,594	40,816	48,928	57,969
1.7	17,422	22,380	28,129	34,712	42,174	50,556	59,898
1.8	17,968	23,082	29,010	35,800	43,496	52,141	61,776
1.9	18,501	23,765	29,870	36,861	44,785	53,685	63,606
2.0	19,020	24,433	30,708	37,896	46,042	55,193	65,392
2.2	20,025	25,723	32,330	39,897	48,474	58,108	68,846
2.4	20,988	26,960	33,885	41,816	50,805	60,903	72,157
2.6	21,915	28,151	35,382	43,663	53,049	63,593	75,344
2.8	22,810	29,300	36,827	45,446	55,215	66,189	78,420
3.0	23,675	30,413	38,224	47,171	57,311	68,701	81,397
4.0	27,654	35,523	44,648	55,098	66,942	80,246	95,076
5.0	31,195	40,072	50,365	62,153	75,514	90,522	107,250
6.0	34,422	44,218	55,575	68,583	83,326	99,887	118,345
7.0	37,410	48,056	60,399	74,536	90,559	108,556	128,617
8.0	40,207	51,649	64,915	80,109	97,329	116,673	138,233
9.0	42,847	55,040	69,177	85,369	103,720	124,334	147,310
10.0	45,355	58,262	73,227	90,366	109,792	131,612	155,934
12.5	51,163	65,722	82,604	101,938	123,850	148,465	175,900
15.0	56,456	72,521	91,149	112,483	136,663	163,824	194,098
17.5	61,356	78,816	99,061	122,247	148,525	178,043	210,945
20.0	65,943	84,709	106,467	131,386	159,629	191,355	226,716

(Continued)

Legend:
$\emptyset_{in}$ is the internal diameter of water pipe
Note:
1. This table uses Hazen-Williams coefficient, C=140.

Table 3-6 (Continued)

$\varnothing_{in}$ (mm) m/km	850 m³/day	900 m³/day	950 m³/day	1000 m³/day	1050 m³/day	1100 m³/day	1150 m³/day
0.1	15,213	17,678	20,376	23,316	26,505	29,951	33,661
0.2	22,118	25,702	29,625	33,900	38,536	43,546	48,941
0.3	27,531	31,993	36,876	42,196	47,968	54,204	60,919
0.4	32,158	37,369	43,073	49,287	56,029	63,313	71,157
0.5	36,276	42,154	48,589	55,599	63,203	71,420	80,268
0.6	40,029	46,515	53,615	61,351	69,742	78,809	88,572
0.7	43,503	50,552	58,269	66,676	75,795	85,649	96,260
0.8	46,756	54,332	62,625	71,660	81,462	92,053	103,457
0.9	49,826	57,900	66,738	76,366	86,811	98,097	110,250
1.0	52,742	61,289	70,644	80,836	91,893	103,840	116,704
1.1	55,528	64,526	74,375	85,105	96,745	109,324	122,867
1.2	58,199	67,630	77,953	89,199	101,399	114,582	128,778
1.3	60,769	70,617	81,396	93,139	105,878	119,643	134,465
1.4	63,250	73,500	84,719	96,942	110,200	124,528	139,955
1.5	65,651	76,289	87,934	100,621	114,383	129,254	145,267
1.6	67,979	78,995	91,053	104,189	118,439	133,838	150,419
1.7	70,241	81,623	94,083	107,656	122,381	138,292	155,424
1.8	72,443	84,182	97,032	111,031	126,217	142,626	160,296
1.9	74,589	86,676	99,906	114,320	129,956	146,851	165,045
2.0	76,684	89,110	102,712	117,530	133,605	150,976	169,680
2.2	80,733	93,816	108,136	123,737	140,661	158,949	178,640
2.4	84,617	98,329	113,338	129,689	147,427	166,595	187,234
2.6	88,354	102,672	118,344	135,417	153,939	173,953	195,503
2.8	91,962	106,863	123,175	140,946	160,224	181,055	203,485
3.0	95,452	110,919	127,850	146,296	166,305	187,927	211,208
4.0	111,493	129,559	149,336	170,881	194,253	219,508	246,702
5.0	125,769	146,149	168,458	192,762	219,126	247,615	278,291
6.0	138,780	161,269	185,885	212,704	241,796	273,232	307,082
7.0	150,826	175,266	202,020	231,166	262,783	296,948	333,736
8.0	162,103	188,370	217,124	248,449	282,429	319,149	358,687
9.0	172,747	200,739	231,381	264,763	300,975	340,105	382,240
10.0	182,859	212,490	244,926	280,262	318,594	360,015	404,616
12.5	206,274	239,699	276,288	316,148	359,389	406,113	456,426
15.0	227,614	264,497	304,871	348,855	396,569	448,128	503,645
17.5	247,370	287,455	331,333	379,135	430,990	487,024	547,360
20.0	265,864	308,946	356,104	407,481	463,213	523,436	588,283

(Continued)

Legend:
$\varnothing_{in}$ is the internal diameter of water pipe
Note:
1. This table uses Hazen-Williams coefficient, C=140.

Water Supply System | 103

Table 3-6 (Continued)

$Ø_{in}$ (mm)	1200	1250	1300	1350	1400	1450	1500
m/km	m³/day	m³/day	m³/day	m³/day	m³/day	m³/day	m³/day
0.1	37,644	41,906	46,455	51,297	56,441	61,892	67,658
0.2	54,731	60,928	67,542	74,582	82,061	89,986	98,370
0.3	68,127	75,840	84,072	92,836	102,145	112,010	122,445
0.4	79,576	88,585	98,201	108,437	119,310	130,834	143,022
0.5	89,765	99,928	110,775	122,323	134,588	147,587	161,336
0.6	99,052	110,266	122,235	134,977	148,511	162,855	178,027
0.7	107,649	119,837	132,845	146,693	161,402	176,990	193,479
0.8	115,697	128,796	142,777	157,660	173,469	190,223	207,944
0.9	123,294	137,254	152,152	168,013	184,859	202,714	221,599
1.0	130,512	145,289	161,059	177,848	195,681	214,580	234,571
1.1	137,404	152,961	169,565	187,241	206,015	225,913	246,959
1.2	144,014	160,319	177,721	196,248	215,925	236,780	258,838
1.3	150,375	167,400	185,571	204,915	225,462	247,238	270,271
1.4	156,514	174,234	193,147	213,281	234,666	257,331	281,305
1.5	162,455	180,848	200,478	221,376	243,573	267,099	291,982
1.6	168,216	187,261	207,587	229,227	252,211	276,571	302,336
1.7	173,813	193,492	214,495	236,855	260,604	285,774	312,397
1.8	179,261	199,557	221,218	244,279	268,772	294,731	322,189
1.9	184,572	205,469	227,772	251,515	276,734	303,462	331,733
2.0	189,755	211,239	234,168	258,579	284,506	311,985	341,050
2.2	199,776	222,395	246,535	272,235	299,531	328,461	359,061
2.4	209,386	233,093	258,394	285,330	313,939	344,261	376,333
2.6	218,634	243,388	269,807	297,932	327,805	359,466	392,954
2.8	227,560	253,325	280,822	310,096	341,188	374,142	408,997
3.0	236,197	262,940	291,481	321,866	354,138	388,343	424,521
4.0	275,890	307,127	340,464	375,955	413,651	453,604	495,862
5.0	311,217	346,453	384,060	424,095	466,618	511,686	559,356
6.0	343,414	382,296	423,792	467,970	514,892	564,622	617,224
7.0	373,221	415,478	460,576	508,588	559,583	613,630	670,797
8.0	401,125	446,540	495,011	546,612	601,420	659,507	720,948
9.0	427,464	475,862	527,515	582,505	640,911	702,813	768,288
10.0	452,488	503,719	558,396	616,604	678,430	743,955	813,263
12.5	510,428	568,218	629,896	695,559	765,301	839,217	917,399
15.0	563,234	627,003	695,062	767,518	844,475	926,037	1,012,309
17.5	612,121	681,425	755,391	834,136	917,772	1,006,415	1,100,174
20.0	657,885	732,371	811,867	896,499	986,389	1,081,658	1,182,427

(Continued)

Legend:
$Ø_{in}$ is the internal diameter of water pipe
Note:
1. This table uses Hazen-Williams coefficient, C=140.

Table 3-6 (Continued)

$\varnothing_{in}$ (mm)	1550	1600	1650	1700	1750	1800	1850
m/km	m³/day	m³/day	m³/day	m³/day	m³/day	m³/day	m³/day
0.1	73,745	80,161	86,911	94,002	101,441	109,235	117,388
0.2	107,220	116,548	126,362	136,673	147,489	158,820	170,674
0.3	133,462	145,073	157,289	170,123	183,586	197,690	212,447
0.4	155,891	169,452	183,722	198,712	214,438	230,912	248,148
0.5	175,852	191,150	207,247	224,157	241,896	260,480	279,923
0.6	194,045	210,926	228,687	247,347	266,922	287,428	308,882
0.7	210,887	229,233	248,537	268,816	290,090	312,376	335,692
0.8	226,654	246,372	267,118	288,914	311,778	335,730	360,790
0.9	241,537	262,549	284,658	307,885	332,250	357,775	384,481
1.0	255,676	277,919	301,322	325,908	351,700	378,719	406,988
1.1	269,179	292,596	317,235	343,120	370,274	398,720	428,482
1.2	282,127	306,671	332,495	359,625	388,085	417,900	449,093
1.3	294,588	320,216	347,180	375,509	405,226	436,357	468,928
1.4	306,615	333,289	361,355	390,839	421,770	454,172	488,073
1.5	318,253	345,939	375,070	405,674	437,778	471,411	506,598
1.6	329,538	358,207	388,371	420,060	453,303	488,128	524,563
1.7	340,504	370,127	401,295	434,038	468,387	504,371	542,019
1.8	351,177	381,728	413,873	447,643	483,068	520,180	559,008
1.9	361,581	393,036	426,134	460,904	497,379	535,590	575,568
2.0	371,735	404,074	438,101	473,847	511,347	550,631	591,732
2.2	391,366	425,414	461,237	498,872	538,351	579,710	622,982
2.4	410,193	445,878	483,424	522,869	564,248	607,596	652,950
2.6	428,310	465,571	504,776	545,963	589,169	634,432	681,788
2.8	445,796	484,578	525,384	568,253	613,223	660,334	709,623
3.0	462,717	502,971	545,325	589,821	636,498	685,397	736,558
4.0	540,476	587,495	636,967	688,941	743,462	800,579	860,336
5.0	609,683	662,722	718,529	777,157	838,660	903,090	970,500
6.0	672,757	731,284	792,864	857,558	925,423	996,519	1,070,903
7.0	731,150	794,757	861,682	931,991	1,005,747	1,083,014	1,163,854
8.0	785,814	854,176	926,105	1,001,671	1,080,941	1,163,984	1,250,868
9.0	837,413	910,265	986,917	1,067,444	1,151,920	1,240,416	1,333,005
10.0	886,435	963,551	1,044,690	1,129,932	1,219,352	1,313,029	1,411,038
12.5	999,941	1,086,931	1,178,460	1,274,616	1,375,487	1,481,159	1,591,717
15.0	1,103,389	1,199,379	1,300,377	1,406,481	1,517,787	1,634,391	1,756,388
17.5	1,199,160	1,303,481	1,413,246	1,528,559	1,649,526	1,776,251	1,908,837
20.0	1,288,814	1,400,935	1,518,906	1,642,840	1,772,852	1,909,051	2,051,549

(Continued)

Legend:
$\varnothing_{in}$ is the internal diameter of water pipe
Note:
1. This table uses Hazen-Williams coefficient, C=140.

Water Supply System | 105

Table 3-6 (Continued)

$\emptyset_{in}$ (mm)	1900	1950	2000	2050	2100
m/km	m³/day	m³/day	m³/day	m³/day	m³/day
0.1	125,909	134,802	144,074	153,731	163,779
0.2	183,062	195,992	209,473	223,514	238,123
0.3	227,867	243,961	260,742	278,219	296,404
0.4	266,160	284,959	304,559	324,974	346,214
0.5	300,241	321,447	343,557	366,585	390,546
0.6	331,302	354,702	379,100	404,510	430,950
0.7	360,058	385,489	412,004	439,621	468,355
0.8	386,977	414,310	442,807	472,488	503,371
0.9	412,387	441,515	471,884	503,514	536,424
1.0	436,528	467,361	499,508	532,989	567,826
1.1	459,582	492,043	525,887	561,137	597,814
1.2	481,689	515,712	551,184	588,129	626,571
1.3	502,964	538,489	575,528	614,105	654,244
1.4	523,498	560,474	599,025	639,177	680,955
1.5	543,368	581,747	621,762	663,438	706,801
1.6	562,637	602,377	643,811	686,965	731,866
1.7	581,360	622,422	665,234	709,824	756,220
1.8	599,582	641,932	686,086	732,073	779,923
1.9	617,344	660,948	706,410	753,760	803,028
2.0	634,681	679,510	726,249	774,928	825,579
2.2	668,199	715,395	764,602	815,853	869,179
2.4	700,342	749,808	801,382	855,098	910,989
2.6	731,274	782,925	836,777	892,866	951,225
2.8	761,129	814,889	870,940	929,318	990,060
3.0	790,019	845,819	903,997	964,591	1,027,639
4.0	922,782	987,959	1,055,914	1,126,691	1,200,334
5.0	1,040,941	1,114,464	1,191,121	1,270,960	1,354,033
6.0	1,148,631	1,229,761	1,314,348	1,402,447	1,494,114
7.0	1,248,329	1,336,500	1,428,429	1,524,175	1,623,798
8.0	1,341,659	1,436,422	1,535,224	1,638,128	1,745,200
9.0	1,429,757	1,530,743	1,636,032	1,745,694	1,859,796
10.0	1,513,454	1,620,352	1,731,805	1,847,886	1,968,668
12.5	1,707,248	1,827,833	1,953,558	2,084,502	2,220,750
15.0	1,883,870	2,016,931	2,155,662	2,300,154	2,450,496
17.5	2,047,384	2,191,994	2,342,767	2,499,800	2,663,192
20.0	2,200,455	2,355,877	2,517,921	2,686,695	2,862,303

Legend:
$\emptyset_{in}$ is the internal diameter of water pipe
Note:
1. This table uses Hazen-Williams coefficient, C=140.

4.0 Storm Sewer System

Development disrupts nature in any way. The change in terrain surface from pre-development to post-development directly increase the amount of stormwater runoff discharge to the external drains.

A proper detention facility makes stormwater management system effective. While receiving huge amount of runoff from developed site, such facility controls the amount of discharge to external drains at pre-development level. At the same time, the facility stores runoff to prevent backflow and flood within development throughout the storm. Adverse effect on downstream development can be avoided through this facility.

Storm sewer network is required to ensure the runoff is being conveyed smoothly. Flow through the network is usually categorized as open channel flow.

This chapter provides tables for civil engineer to determine the design runoff discharge for various regions and capacity of general storm sewer sections.

4.1 Explanatory Notes

Table 4-1 to **Table 4-6** provide capacity i.e. catchment area for general storm sewer pipes under full flow condition. Manning equation (Eq. 4-2) and Rational method (Eq. 4-1) are used in the calculation, with rainfall intensity and runoff coefficient of 100 and 1.0 respectively.

$$Q = \frac{CIA}{360}$$

Eq. 4-1

$$Q = \frac{1}{n} A R^{\frac{2}{3}} S^{\frac{1}{2}}$$

Eq. 4-2

where:
Q is discharge through channel (m³/s)
n is Manning coefficient
A is cross sectional area of channel (m²)
R is hydraulic radius (m)
S is gradient in rise per run or V:H (m/m)

Procedure to use **Table 4-1, Table 4-2, Table 4-3, Table 4-4, Table 4-5** and **Table 4-6**

1. Determine the **rainfall intensity** for the site.
2. Determine the **runoff coefficient** for the site.
3. Determine the **Manning's roughness**.
3. Determine the **area of site** in hectare.
4. **Adjust** the design catchment area to be compatible with the table.
5. Refer to table for the storm sewer section to be used.

Example A:
Determine drain section based on catchment area
1. Rainfall intensity = 200mm/hr
2. Runoff coefficient = 0.9
3. Manning's roughness = 0.010
3. Area of site = 3ha.
4. Adjustment = $3 \times \frac{200}{100} \times \frac{0.9}{1.0} = 5.4 ha$
5. Storm sewer section = 825 (from table)
   Storm sewer gradient = 1:150 (from table)
   Storm sewer pipe capacity = 5.49ha (from table)
   Velocity = 2.85m/s (from table)

4.2 Design Data for Storm Sewer System

Table 4-1 Catchment area and velocity for storm sewer pipes with various gradients (V:H) under full flow using Manning equation (n=0.010) and Rational method (runoff coefficient 1.0 and rainfall intensity 100mm/hr)

$\varnothing_{in}$ (mm)	225		300		375		450	
Unit	ha	m/s	ha	m/s	ha	m/s	ha	m/s
1:100	0.21	1.47	0.45	1.78	0.82	2.06	1.33	2.33
1:150	0.17	1.20	0.37	1.45	0.67	1.69	1.09	1.90
1:200	0.15	1.04	0.32	1.26	0.58	1.46	0.94	1.65
1:250	0.13	0.93	0.29	1.12	0.52	1.31	0.84	1.47
1:300	0.12	0.85	0.26	1.03	0.47	1.19	0.77	1.35
1:350	0.11	0.78	0.24	0.95	0.44	1.10	0.71	1.25
1:400	0.11	0.73	0.23	0.89	0.41	1.03	0.67	1.17
1:450	0.10	0.69	0.21	0.84	0.39	0.97	0.63	1.10
1:500	0.09	0.66	0.20	0.80	0.37	0.92	0.60	1.04
1:550	0.09	0.63	0.19	0.76	0.35	0.88	0.57	0.99
1:600	-	-	0.18	0.73	0.33	0.84	0.54	0.95
1:650	-	-	0.18	0.70	0.32	0.81	0.52	0.91
1:700	-	-	0.17	0.67	0.31	0.78	0.50	0.88
1:750	-	-	0.17	0.65	0.30	0.75	0.49	0.85
1:800	-	-	0.16	0.63	0.29	0.73	0.47	0.82
1:850	-	-	0.16	0.61	0.28	0.71	0.46	0.80
1:900	-	-	-	-	0.27	0.69	0.44	0.78
1:950	-	-	-	-	0.27	0.67	0.43	0.76
1:1000	-	-	-	-	0.26	0.65	0.42	0.74
1:1050	-	-	-	-	0.25	0.64	0.41	0.72
1:1100	-	-	-	-	0.25	0.62	0.40	0.70
1:1150	-	-	-	-	0.24	0.61	0.39	0.69
1:1200	-	-	-	-	-	-	0.39	0.67
1:1250	-	-	-	-	-	-	0.38	0.66
1:1300	-	-	-	-	-	-	0.37	0.65
1:1350	-	-	-	-	-	-	0.36	0.63
1:1400	-	-	-	-	-	-	0.36	0.62
1:1450	-	-	-	-	-	-	0.35	0.61
1:1500	-	-	-	-	-	-	0.34	0.60

(Continued)

Legend:
$\varnothing_{in}$ is the internal diameter of gravity sewer pipe

Note:
1. Pipe capacity data associated with velocity below 0.6m/s and above 4.0m/s are not shown.
2. To determine the adequacy of storm sewer with other design rainfall intensity, I_{des} and/or runoff coefficient, C_{des}, adjust the design catchment area using equation:

$$A_{adj} = A_{des} \times \frac{I_{des}}{100} \times \frac{C_{des}}{1.0}$$

Table 4-1 (Continued)

$\varnothing_{in}$ (mm)	525		600		675		750	
Unit	ha	m/s	ha	m/s	ha	m/s	ha	m/s
1:100	2.01	2.58	2.87	2.82	3.93	3.05	5.21	3.28
1:150	1.64	2.11	2.35	2.31	3.21	2.49	4.25	2.67
1:200	1.42	1.83	2.03	2.00	2.78	2.16	3.68	2.32
1:250	1.27	1.63	1.82	1.79	2.49	1.93	3.30	2.07
1:300	1.16	1.49	1.66	1.63	2.27	1.76	3.01	1.89
1:350	1.08	1.38	1.54	1.51	2.10	1.63	2.78	1.75
1:400	1.01	1.29	1.44	1.41	1.97	1.53	2.61	1.64
1:450	0.95	1.22	1.35	1.33	1.85	1.44	2.46	1.54
1:500	0.90	1.15	1.29	1.26	1.76	1.37	2.33	1.47
1:550	0.86	1.10	1.23	1.20	1.68	1.30	2.22	1.40
1:600	0.82	1.05	1.17	1.15	1.61	1.25	2.13	1.34
1:650	0.79	1.01	1.13	1.11	1.54	1.20	2.04	1.28
1:700	0.76	0.98	1.09	1.07	1.49	1.15	1.97	1.24
1:750	0.73	0.94	1.05	1.03	1.44	1.12	1.90	1.20
1:800	0.71	0.91	1.02	1.00	1.39	1.08	1.84	1.16
1:850	0.69	0.89	0.99	0.97	1.35	1.05	1.79	1.12
1:900	0.67	0.86	0.96	0.94	1.31	1.02	1.74	1.09
1:950	0.65	0.84	0.93	0.92	1.28	0.99	1.69	1.06
1:1000	0.64	0.82	0.91	0.89	1.24	0.97	1.65	1.04
1:1050	0.62	0.80	0.89	0.87	1.21	0.94	1.61	1.01
1:1100	0.61	0.78	0.87	0.85	1.19	0.92	1.57	0.99
1:1150	0.59	0.76	0.85	0.83	1.16	0.90	1.54	0.97
1:1200	0.58	0.75	0.83	0.81	1.14	0.88	1.50	0.95
1:1250	0.57	0.73	0.81	0.80	1.11	0.86	1.47	0.93
1:1300	0.56	0.72	0.80	0.78	1.09	0.85	1.45	0.91
1:1350	0.55	0.70	0.78	0.77	1.07	0.83	1.42	0.89
1:1400	0.54	0.69	0.77	0.75	1.05	0.82	1.39	0.88
1:1450	0.53	0.68	0.75	0.74	1.03	0.80	1.37	0.86
1:1500	0.52	0.67	0.74	0.73	1.02	0.79	1.35	0.85

(Continued)
Legend:
$\varnothing_{in}$ is the internal diameter of gravity sewer pipe
Note:
1. Pipe capacity data associated with velocity below 0.6m/s and above 4.0m/s are not shown.
2. This table uses Manning's roughness, n=0.010.
3. To determine the adequacy of storm sewer with other design rainfall intensity, I_{des} and/or runoff coefficient, C_{des}, adjust the design catchment area using equation:

$$A_{adj} = A_{des} \times \frac{I_{des}}{100} \times \frac{C_{des}}{1.0}$$

Table 4-1 (Continued)

$\varnothing_{in}$ (mm)	825		900		1050		1200	
Unit	ha	m/s	ha	m/s	ha	m/s	ha	m/s
1:100	6.72	3.49	8.47	3.70	-	-	-	-
1:150	5.49	2.85	6.92	3.02	10.43	3.35	14.90	3.66
1:200	4.75	2.47	5.99	2.62	9.04	2.90	12.90	3.17
1:250	4.25	2.21	5.36	2.34	8.08	2.59	11.54	2.83
1:300	3.88	2.02	4.89	2.14	7.38	2.37	10.53	2.59
1:350	3.59	1.87	4.53	1.98	6.83	2.19	9.75	2.40
1:400	3.36	1.75	4.24	1.85	6.39	2.05	9.12	2.24
1:450	3.17	1.65	3.99	1.74	6.02	1.93	8.60	2.11
1:500	3.00	1.56	3.79	1.65	5.72	1.83	8.16	2.00
1:550	2.86	1.49	3.61	1.58	5.45	1.75	7.78	1.91
1:600	2.74	1.43	3.46	1.51	5.22	1.67	7.45	1.83
1:650	2.63	1.37	3.32	1.45	5.01	1.61	7.16	1.76
1:700	2.54	1.32	3.20	1.40	4.83	1.55	6.90	1.69
1:750	2.45	1.27	3.09	1.35	4.67	1.50	6.66	1.64
1:800	2.38	1.23	3.00	1.31	4.52	1.45	6.45	1.58
1:850	2.30	1.20	2.91	1.27	4.38	1.41	6.26	1.54
1:900	2.24	1.16	2.82	1.23	4.26	1.37	6.08	1.49
1:950	2.18	1.13	2.75	1.20	4.15	1.33	5.92	1.45
1:1000	2.12	1.10	2.68	1.17	4.04	1.30	5.77	1.42
1:1050	2.07	1.08	2.61	1.14	3.94	1.27	5.63	1.38
1:1100	2.03	1.05	2.55	1.12	3.85	1.24	5.50	1.35
1:1150	1.98	1.03	2.50	1.09	3.77	1.21	5.38	1.32
1:1200	1.94	1.01	2.45	1.07	3.69	1.18	5.27	1.29
1:1250	1.90	0.99	2.40	1.05	3.61	1.16	5.16	1.27
1:1300	1.86	0.97	2.35	1.03	3.54	1.14	5.06	1.24
1:1350	1.83	0.95	2.31	1.01	3.48	1.12	4.97	1.22
1:1400	1.80	0.93	2.26	0.99	3.42	1.10	4.88	1.20
1:1450	1.76	0.92	2.22	0.97	3.36	1.08	4.79	1.18
1:1500	1.73	0.90	2.19	0.96	3.30	1.06	4.71	1.16

(Continued)

Legend:
$\varnothing_{in}$ is the internal diameter of gravity sewer pipe

Note:
1. Pipe capacity data associated with velocity below 0.6m/s and above 4.0m/s are not shown.
2. This table uses Manning's roughness, n=0.010.
3. To determine the adequacy of storm sewer with other design rainfall intensity, I_{des} and/or runoff coefficient, C_{des}, adjust the design catchment area using equation:

$$A_{adj} = A_{des} \times \frac{I_{des}}{100} \times \frac{C_{des}}{1.0}$$

Table 4-1 (Continued)

$\varnothing_{in}$ (mm)	1350		1500		1800		2100	
Unit	ha	m/s	ha	m/s	ha	m/s	ha	m/s
1:100	-	-	-	-	-	-	-	-
1:150	20.40	3.96	-	-	-	-	-	-
1:200	17.66	3.43	23.39	3.68	-	-	-	-
1:250	15.80	3.07	20.92	3.29	34.02	3.71	-	-
1:300	14.42	2.80	19.10	3.00	31.06	3.39	46.85	3.76
1:350	13.35	2.59	17.68	2.78	28.75	3.14	43.37	3.48
1:400	12.49	2.42	16.54	2.60	26.90	2.94	40.57	3.25
1:450	11.78	2.29	15.60	2.45	25.36	2.77	38.25	3.07
1:500	11.17	2.17	14.79	2.33	24.06	2.63	36.29	2.91
1:550	10.65	2.07	14.11	2.22	22.94	2.50	34.60	2.77
1:600	10.20	1.98	13.51	2.12	21.96	2.40	33.13	2.66
1:650	9.80	1.90	12.98	2.04	21.10	2.30	31.83	2.55
1:700	9.44	1.83	12.50	1.97	20.33	2.22	30.67	2.46
1:750	9.12	1.77	12.08	1.90	19.64	2.14	29.63	2.38
1:800	8.83	1.71	11.70	1.84	19.02	2.08	28.69	2.30
1:850	8.57	1.66	11.35	1.78	18.45	2.01	27.83	2.23
1:900	8.33	1.62	11.03	1.73	17.93	1.96	27.05	2.17
1:950	8.10	1.57	10.73	1.69	17.45	1.91	26.33	2.11
1:1000	7.90	1.53	10.46	1.64	17.01	1.86	25.66	2.06
1:1050	7.71	1.50	10.21	1.60	16.60	1.81	25.04	2.01
1:1100	7.53	1.46	9.97	1.57	16.22	1.77	24.47	1.96
1:1150	7.37	1.43	9.76	1.53	15.86	1.73	23.93	1.92
1:1200	7.21	1.40	9.55	1.50	15.53	1.70	23.43	1.88
1:1250	7.07	1.37	9.36	1.47	15.22	1.66	22.95	1.84
1:1300	6.93	1.34	9.18	1.44	14.92	1.63	22.51	1.80
1:1350	6.80	1.32	9.00	1.42	14.64	1.60	22.09	1.77
1:1400	6.68	1.30	8.84	1.39	14.38	1.57	21.69	1.74
1:1450	6.56	1.27	8.69	1.37	14.13	1.54	21.31	1.71
1:1500	6.45	1.25	8.54	1.34	13.89	1.52	20.95	1.68

(Continued)

Legend:

$\varnothing_{in}$ is the internal diameter of gravity sewer pipe

Note:
1. Pipe capacity data associated with velocity below 0.6m/s and above 4.0m/s are not shown.
2. This table uses Manning's roughness, n=0.010.
3. To determine the adequacy of storm sewer with other design rainfall intensity, I_{des} and/or runoff coefficient, C_{des}, adjust the design catchment area using equation:

$$A_{adj} = A_{des} \times \frac{I_{des}}{100} \times \frac{C_{des}}{1.0}$$

Table 4-2 Catchment area and velocity for storm sewer pipes with various gradients (V:H) under full flow using Manning equation (n=0.011) and Rational method (runoff coefficient 1.0 and rainfall intensity 100mm/hr)

$\varnothing_{in}$ (mm)	225		300		375		450	
Unit	ha	m/s	ha	m/s	ha	m/s	ha	m/s
1:100	0.19	1.33	0.41	1.62	0.75	1.88	1.21	2.12
1:150	0.16	1.09	0.34	1.32	0.61	1.53	0.99	1.73
1:200	0.14	0.94	0.29	1.14	0.53	1.33	0.86	1.50
1:250	0.12	0.84	0.26	1.02	0.47	1.19	0.77	1.34
1:300	0.11	0.77	0.24	0.93	0.43	1.08	0.70	1.22
1:350	0.10	0.71	0.22	0.86	0.40	1.00	0.65	1.13
1:400	0.10	0.67	0.21	0.81	0.37	0.94	0.61	1.06
1:450	0.09	0.63	0.19	0.76	0.35	0.88	0.57	1.00
1:500	-	-	0.18	0.72	0.33	0.84	0.54	0.95
1:550	-	-	0.18	0.69	0.32	0.80	0.52	0.90
1:600	-	-	0.17	0.66	0.30	0.77	0.50	0.86
1:650	-	-	0.16	0.63	0.29	0.74	0.48	0.83
1:700	-	-	0.16	0.61	0.28	0.71	0.46	0.80
1:750	-	-	-	-	0.27	0.69	0.44	0.77
1:800	-	-	-	-	0.26	0.66	0.43	0.75
1:850	-	-	-	-	0.26	0.64	0.42	0.73
1:900	-	-	-	-	0.25	0.63	0.40	0.71
1:950	-	-	-	-	0.24	0.61	0.39	0.69
1:1000	-	-	-	-	-	-	0.38	0.67
1:1050	-	-	-	-	-	-	0.37	0.65
1:1100	-	-	-	-	-	-	0.37	0.64
1:1150	-	-	-	-	-	-	0.36	0.62
1:1200	-	-	-	-	-	-	0.35	0.61
1:1250	-	-	-	-	-	-	-	-
1:1300	-	-	-	-	-	-	-	-
1:1350	-	-	-	-	-	-	-	-
1:1400	-	-	-	-	-	-	-	-
1:1450	-	-	-	-	-	-	-	-
1:1500	-	-	-	-	-	-	-	-

(Continued)
Legend:
$\varnothing_{in}$ is the internal diameter of gravity sewer pipe
Note:
1. Pipe capacity data associated with velocity below 0.6m/s and above 4.0m/s are not shown.
2. To determine the adequacy of storm sewer with other design rainfall intensity, I_{des} and/or runoff coefficient, C_{des}, adjust the design catchment area using equation:

$$A_{adj} = A_{des} \times \frac{I_{des}}{100} \times \frac{C_{des}}{1.0}$$

Table 4-2 (Continued)

$\varnothing_{in}$ (mm)	525		600		675		750	
Unit	ha	m/s	ha	m/s	ha	m/s	ha	m/s
1:100	1.83	2.35	2.61	2.57	3.58	2.78	4.74	2.98
1:150	1.49	1.92	2.13	2.10	2.92	2.27	3.87	2.43
1:200	1.29	1.66	1.85	1.81	2.53	1.96	3.35	2.11
1:250	1.16	1.48	1.65	1.62	2.26	1.76	3.00	1.88
1:300	1.06	1.36	1.51	1.48	2.06	1.60	2.73	1.72
1:350	0.98	1.25	1.40	1.37	1.91	1.48	2.53	1.59
1:400	0.91	1.17	1.31	1.28	1.79	1.39	2.37	1.49
1:450	0.86	1.11	1.23	1.21	1.69	1.31	2.23	1.40
1:500	0.82	1.05	1.17	1.15	1.60	1.24	2.12	1.33
1:550	0.78	1.00	1.11	1.09	1.52	1.18	2.02	1.27
1:600	0.75	0.96	1.07	1.05	1.46	1.13	1.93	1.22
1:650	0.72	0.92	1.02	1.01	1.40	1.09	1.86	1.17
1:700	0.69	0.89	0.99	0.97	1.35	1.05	1.79	1.13
1:750	0.67	0.86	0.95	0.94	1.31	1.01	1.73	1.09
1:800	0.65	0.83	0.92	0.91	1.26	0.98	1.67	1.05
1:850	0.63	0.81	0.90	0.88	1.23	0.95	1.62	1.02
1:900	0.61	0.78	0.87	0.86	1.19	0.93	1.58	0.99
1:950	0.59	0.76	0.85	0.83	1.16	0.90	1.54	0.97
1:1000	0.58	0.74	0.83	0.81	1.13	0.88	1.50	0.94
1:1050	0.56	0.72	0.81	0.79	1.10	0.86	1.46	0.92
1:1100	0.55	0.71	0.79	0.77	1.08	0.84	1.43	0.90
1:1150	0.54	0.69	0.77	0.76	1.05	0.82	1.40	0.88
1:1200	0.53	0.68	0.75	0.74	1.03	0.80	1.37	0.86
1:1250	0.52	0.66	0.74	0.73	1.01	0.79	1.34	0.84
1:1300	0.51	0.65	0.72	0.71	0.99	0.77	1.31	0.83
1:1350	0.50	0.64	0.71	0.70	0.97	0.76	1.29	0.81
1:1400	0.49	0.63	0.70	0.69	0.96	0.74	1.27	0.80
1:1450	0.48	0.62	0.69	0.67	0.94	0.73	1.24	0.78
1:1500	0.47	0.61	0.67	0.66	0.92	0.72	1.22	0.77

(Continued)

Legend:
$\varnothing_{in}$ is the internal diameter of gravity sewer pipe

Note:
1. Pipe capacity data associated with velocity below 0.6m/s and above 4.0m/s are not shown.
2. This table uses Manning's roughness, n=0.011.
3. To determine the adequacy of storm sewer with other design rainfall intensity, I_{des} and/or runoff coefficient, C_{des}, adjust the design catchment area using equation:

$$A_{adj} = A_{des} \times \frac{I_{des}}{100} \times \frac{C_{des}}{1.0}$$

Table 4-2 (Continued)

$Ø_{in}$ (mm)	825		900		1050		1200	
Unit	ha	m/s	ha	m/s	ha	m/s	ha	m/s
1:100	6.11	3.17	7.70	3.36	11.62	3.73	-	-
1:150	4.99	2.59	6.29	2.75	9.49	3.04	13.54	3.33
1:200	4.32	2.24	5.45	2.38	8.22	2.64	11.73	2.88
1:250	3.86	2.01	4.87	2.13	7.35	2.36	10.49	2.58
1:300	3.53	1.83	4.45	1.94	6.71	2.15	9.58	2.35
1:350	3.26	1.70	4.12	1.80	6.21	1.99	8.87	2.18
1:400	3.05	1.59	3.85	1.68	5.81	1.86	8.29	2.04
1:450	2.88	1.50	3.63	1.59	5.48	1.76	7.82	1.92
1:500	2.73	1.42	3.44	1.50	5.20	1.67	7.42	1.82
1:550	2.60	1.35	3.28	1.43	4.95	1.59	7.07	1.74
1:600	2.49	1.30	3.14	1.37	4.74	1.52	6.77	1.66
1:650	2.40	1.24	3.02	1.32	4.56	1.46	6.51	1.60
1:700	2.31	1.20	2.91	1.27	4.39	1.41	6.27	1.54
1:750	2.23	1.16	2.81	1.23	4.24	1.36	6.06	1.49
1:800	2.16	1.12	2.72	1.19	4.11	1.32	5.86	1.44
1:850	2.09	1.09	2.64	1.15	3.98	1.28	5.69	1.40
1:900	2.04	1.06	2.57	1.12	3.87	1.24	5.53	1.36
1:950	1.98	1.03	2.50	1.09	3.77	1.21	5.38	1.32
1:1000	1.93	1.00	2.44	1.06	3.67	1.18	5.25	1.29
1:1050	1.88	0.98	2.38	1.04	3.59	1.15	5.12	1.26
1:1100	1.84	0.96	2.32	1.01	3.50	1.12	5.00	1.23
1:1150	1.80	0.94	2.27	0.99	3.43	1.10	4.89	1.20
1:1200	1.76	0.92	2.22	0.97	3.35	1.08	4.79	1.18
1:1250	1.73	0.90	2.18	0.95	3.29	1.05	4.69	1.15
1:1300	1.69	0.88	2.14	0.93	3.22	1.03	4.60	1.13
1:1350	1.66	0.86	2.10	0.92	3.16	1.01	4.51	1.11
1:1400	1.63	0.85	2.06	0.90	3.11	1.00	4.43	1.09
1:1450	1.60	0.83	2.02	0.88	3.05	0.98	4.36	1.07
1:1500	1.58	0.82	1.99	0.87	3.00	0.96	4.28	1.05

(Continued)

Legend:

$Ø_{in}$ is the internal diameter of gravity sewer pipe

Note:
1. Pipe capacity data associated with velocity below 0.6m/s and above 4.0m/s are not shown.
2. This table uses Manning's roughness, n=0.011.
3. To determine the adequacy of storm sewer with other design rainfall intensity, I_{des} and/or runoff coefficient, C_{des}, adjust the design catchment area using equation:

$$A_{adj} = A_{des} \times \frac{I_{des}}{100} \times \frac{C_{des}}{1.0}$$

Table 4-2 (Continued)

$\varnothing_{in}$ (mm)	1350		1500		1800		2100	
Unit	ha	m/s	ha	m/s	ha	m/s	ha	m/s
1:100	-	-	-	-	-	-	-	-
1:150	18.54	3.60	24.56	3.86	-	-	-	-
1:200	16.06	3.12	21.27	3.34	34.58	3.77	-	-
1:250	14.36	2.79	19.02	2.99	30.93	3.38	46.66	3.74
1:300	13.11	2.54	17.36	2.73	28.24	3.08	42.59	3.42
1:350	12.14	2.36	16.08	2.53	26.14	2.85	39.43	3.16
1:400	11.35	2.20	15.04	2.36	24.45	2.67	36.88	2.96
1:450	10.70	2.08	14.18	2.23	23.05	2.52	34.78	2.79
1:500	10.16	1.97	13.45	2.11	21.87	2.39	32.99	2.65
1:550	9.68	1.88	12.82	2.02	20.85	2.28	31.46	2.52
1:600	9.27	1.80	12.28	1.93	19.97	2.18	30.12	2.42
1:650	8.91	1.73	11.80	1.85	19.18	2.09	28.93	2.32
1:700	8.58	1.67	11.37	1.79	18.48	2.02	27.88	2.24
1:750	8.29	1.61	10.98	1.73	17.86	1.95	26.94	2.16
1:800	8.03	1.56	10.63	1.67	17.29	1.89	26.08	2.09
1:850	7.79	1.51	10.32	1.62	16.77	1.83	25.30	2.03
1:900	7.57	1.47	10.02	1.58	16.30	1.78	24.59	1.97
1:950	7.37	1.43	9.76	1.53	15.87	1.73	23.93	1.92
1:1000	7.18	1.39	9.51	1.49	15.47	1.69	23.33	1.87
1:1050	7.01	1.36	9.28	1.46	15.09	1.65	22.77	1.83
1:1100	6.85	1.33	9.07	1.43	14.75	1.61	22.24	1.78
1:1150	6.70	1.30	8.87	1.39	14.42	1.57	21.75	1.74
1:1200	6.56	1.27	8.68	1.36	14.12	1.54	21.30	1.71
1:1250	6.42	1.25	8.51	1.34	13.83	1.51	20.87	1.67
1:1300	6.30	1.22	8.34	1.31	13.56	1.48	20.46	1.64
1:1350	6.18	1.20	8.19	1.29	13.31	1.45	20.08	1.61
1:1400	6.07	1.18	8.04	1.26	13.07	1.43	19.72	1.58
1:1450	5.96	1.16	7.90	1.24	12.84	1.40	19.37	1.55
1:1500	5.86	1.14	7.77	1.22	12.63	1.38	19.05	1.53

(Continued)

Legend:
$\varnothing_{in}$ is the internal diameter of gravity sewer pipe

Note:
1. Pipe capacity data associated with velocity below 0.6m/s and above 4.0m/s are not shown.
2. This table uses Manning's roughness, n=0.011.
3. To determine the adequacy of storm sewer with other design rainfall intensity, I_{des} and/or runoff coefficient, C_{des}, adjust the design catchment area using equation:

$$A_{adj} = A_{des} \times \frac{I_{des}}{100} \times \frac{C_{des}}{1.0}$$

Storm Sewer System | 117

Table 4-3 Catchment area and velocity for storm sewer pipes with various gradients (V:H) under full flow using Manning equation (n=0.012) and Rational method (runoff coefficient 1.0 and rainfall intensity 100mm/hr)

$Ø_{in}$ (mm)	225		300		375		450	
Unit	ha	m/s	ha	m/s	ha	m/s	ha	m/s
1:100	0.18	1.22	0.38	1.48	0.68	1.72	1.11	1.94
1:150	0.14	1.00	0.31	1.21	0.56	1.40	0.91	1.59
1:200	0.12	0.87	0.27	1.05	0.48	1.22	0.79	1.37
1:250	0.11	0.77	0.24	0.94	0.43	1.09	0.70	1.23
1:300	0.10	0.71	0.22	0.86	0.39	0.99	0.64	1.12
1:350	0.09	0.65	0.20	0.79	0.37	0.92	0.59	1.04
1:400	0.09	0.61	0.19	0.74	0.34	0.86	0.56	0.97
1:450	-	-	0.18	0.70	0.32	0.81	0.52	0.92
1:500	-	-	0.17	0.66	0.31	0.77	0.50	0.87
1:550	-	-	0.16	0.63	0.29	0.73	0.47	0.83
1:600	-	-	0.15	0.61	0.28	0.70	0.45	0.79
1:650	-	-	-	-	0.27	0.67	0.44	0.76
1:700	-	-	-	-	0.26	0.65	0.42	0.73
1:750	-	-	-	-	0.25	0.63	0.41	0.71
1:800	-	-	-	-	0.24	0.61	0.39	0.69
1:850	-	-	-	-	-	-	0.38	0.67
1:900	-	-	-	-	-	-	0.37	0.65
1:950	-	-	-	-	-	-	0.36	0.63
1:1000	-	-	-	-	-	-	0.35	0.61
1:1050	-	-	-	-	-	-	-	-
1:1100	-	-	-	-	-	-	-	-
1:1150	-	-	-	-	-	-	-	-
1:1200	-	-	-	-	-	-	-	-
1:1250	-	-	-	-	-	-	-	-
1:1300	-	-	-	-	-	-	-	-
1:1350	-	-	-	-	-	-	-	-
1:1400	-	-	-	-	-	-	-	-
1:1450	-	-	-	-	-	-	-	-
1:1500	-	-	-	-	-	-	-	-

(Continued)

Legend:
$Ø_{in}$ is the internal diameter of gravity sewer pipe

Note:
1. Pipe capacity data associated with velocity below 0.6m/s and above 4.0m/s are not shown.
2. To determine the adequacy of storm sewer with other design rainfall intensity, I_{des} and/or runoff coefficient, C_{des}, adjust the design catchment area using equation:

$$A_{adj} = A_{des} \times \frac{I_{des}}{100} \times \frac{C_{des}}{1.0}$$

Table 4-3 (Continued)

$Ø_{in}$ (mm)	525		600		675		750	
Unit	ha	m/s	ha	m/s	ha	m/s	ha	m/s
1:100	1.68	2.15	2.39	2.35	3.28	2.54	4.34	2.73
1:150	1.37	1.76	1.96	1.92	2.68	2.08	3.55	2.23
1:200	1.19	1.52	1.69	1.66	2.32	1.80	3.07	1.93
1:250	1.06	1.36	1.51	1.49	2.07	1.61	2.75	1.73
1:300	0.97	1.24	1.38	1.36	1.89	1.47	2.51	1.58
1:350	0.90	1.15	1.28	1.26	1.75	1.36	2.32	1.46
1:400	0.84	1.08	1.20	1.18	1.64	1.27	2.17	1.36
1:450	0.79	1.01	1.13	1.11	1.55	1.20	2.05	1.29
1:500	0.75	0.96	1.07	1.05	1.47	1.14	1.94	1.22
1:550	0.72	0.92	1.02	1.00	1.40	1.09	1.85	1.16
1:600	0.68	0.88	0.98	0.96	1.34	1.04	1.77	1.11
1:650	0.66	0.84	0.94	0.92	1.29	1.00	1.70	1.07
1:700	0.63	0.81	0.91	0.89	1.24	0.96	1.64	1.03
1:750	0.61	0.79	0.87	0.86	1.20	0.93	1.59	1.00
1:800	0.59	0.76	0.85	0.83	1.16	0.90	1.54	0.97
1:850	0.58	0.74	0.82	0.81	1.12	0.87	1.49	0.94
1:900	0.56	0.72	0.80	0.78	1.09	0.85	1.45	0.91
1:950	0.54	0.70	0.78	0.76	1.06	0.83	1.41	0.89
1:1000	0.53	0.68	0.76	0.74	1.04	0.80	1.37	0.86
1:1050	0.52	0.66	0.74	0.73	1.01	0.79	1.34	0.84
1:1100	0.51	0.65	0.72	0.71	0.99	0.77	1.31	0.82
1:1150	0.49	0.63	0.71	0.69	0.97	0.75	1.28	0.81
1:1200	0.48	0.62	0.69	0.68	0.95	0.73	1.25	0.79
1:1250	0.47	0.61	0.68	0.67	0.93	0.72	1.23	0.77
1:1300	-	-	0.66	0.65	0.91	0.71	1.20	0.76
1:1350	-	-	0.65	0.64	0.89	0.69	1.18	0.74
1:1400	-	-	0.64	0.63	0.88	0.68	1.16	0.73
1:1450	-	-	0.63	0.62	0.86	0.67	1.14	0.72
1:1500	-	-	0.62	0.61	0.85	0.66	1.12	0.70

(Continued)

Legend:
$Ø_{in}$ is the internal diameter of gravity sewer pipe

Note:
1. Pipe capacity data associated with velocity below 0.6m/s and above 4.0m/s are not shown.
2. This table uses Manning's roughness, n=0.012.
3. To determine the adequacy of storm sewer with other design rainfall intensity, I_{des} and/or runoff coefficient, C_{des}, adjust the design catchment area using equation:

$$A_{adj} = A_{des} \times \frac{I_{des}}{100} \times \frac{C_{des}}{1.0}$$

Storm Sewer System | 119

Table 4-3 (Continued)

$Ø_{in}$ (mm)	825		900		1050		1200	
Unit	ha	m/s	ha	m/s	ha	m/s	ha	m/s
1:100	5.60	2.91	7.06	3.08	10.65	3.42	15.21	3.73
1:150	4.57	2.38	5.76	2.52	8.70	2.79	12.41	3.05
1:200	3.96	2.06	4.99	2.18	7.53	2.42	10.75	2.64
1:250	3.54	1.84	4.47	1.95	6.74	2.16	9.62	2.36
1:300	3.23	1.68	4.08	1.78	6.15	1.97	8.78	2.16
1:350	2.99	1.55	3.77	1.65	5.69	1.83	8.13	2.00
1:400	2.80	1.45	3.53	1.54	5.32	1.71	7.60	1.87
1:450	2.64	1.37	3.33	1.45	5.02	1.61	7.17	1.76
1:500	2.50	1.30	3.16	1.38	4.76	1.53	6.80	1.67
1:550	2.39	1.24	3.01	1.31	4.54	1.46	6.48	1.59
1:600	2.29	1.19	2.88	1.26	4.35	1.39	6.21	1.52
1:650	2.20	1.14	2.77	1.21	4.18	1.34	5.96	1.46
1:700	2.12	1.10	2.67	1.17	4.03	1.29	5.75	1.41
1:750	2.04	1.06	2.58	1.13	3.89	1.25	5.55	1.36
1:800	1.98	1.03	2.50	1.09	3.77	1.21	5.38	1.32
1:850	1.92	1.00	2.42	1.06	3.65	1.17	5.22	1.28
1:900	1.87	0.97	2.35	1.03	3.55	1.14	5.07	1.24
1:950	1.82	0.94	2.29	1.00	3.46	1.11	4.93	1.21
1:1000	1.77	0.92	2.23	0.97	3.37	1.08	4.81	1.18
1:1050	1.73	0.90	2.18	0.95	3.29	1.05	4.69	1.15
1:1100	1.69	0.88	2.13	0.93	3.21	1.03	4.58	1.13
1:1150	1.65	0.86	2.08	0.91	3.14	1.01	4.48	1.10
1:1200	1.62	0.84	2.04	0.89	3.07	0.99	4.39	1.08
1:1250	1.58	0.82	2.00	0.87	3.01	0.97	4.30	1.06
1:1300	1.55	0.81	1.96	0.86	2.95	0.95	4.22	1.04
1:1350	1.52	0.79	1.92	0.84	2.90	0.93	4.14	1.02
1:1400	1.50	0.78	1.89	0.82	2.85	0.91	4.06	1.00
1:1450	1.47	0.76	1.85	0.81	2.80	0.90	3.99	0.98
1:1500	1.45	0.75	1.82	0.80	2.75	0.88	3.93	0.96

(Continued)
Legend:
$Ø_{in}$ is the internal diameter of gravity sewer pipe
Note:
1. Pipe capacity data associated with velocity below 0.6m/s and above 4.0m/s are not shown.
2. This table uses Manning's roughness, n=0.012.
3. To determine the adequacy of storm sewer with other design rainfall intensity, I_{des} and/or runoff coefficient, C_{des}, adjust the design catchment area using equation:

$$A_{adj} = A_{des} \times \frac{I_{des}}{100} \times \frac{C_{des}}{1.0}$$

Formulation and Design Data for Civil Engineering

Table 4-3 (Continued)

$Ø_{in}$ (mm)	1350		1500		1800		2100	
Unit	ha	m/s	ha	m/s	ha	m/s	ha	m/s
1:100	-	-	-	-	-	-	-	-
1:150	17.00	3.30	22.51	3.54	36.60	4.00	-	-
1:200	14.72	2.86	19.49	3.06	31.70	3.46	47.82	3.83
1:250	13.17	2.55	17.44	2.74	28.35	3.09	42.77	3.43
1:300	12.02	2.33	15.92	2.50	25.88	2.83	39.04	3.13
1:350	11.13	2.16	14.74	2.32	23.96	2.62	36.15	2.90
1:400	10.41	2.02	13.78	2.17	22.41	2.45	33.81	2.71
1:450	9.81	1.90	13.00	2.04	21.13	2.31	31.88	2.56
1:500	9.31	1.81	12.33	1.94	20.05	2.19	30.24	2.43
1:550	8.88	1.72	11.76	1.85	19.12	2.09	28.83	2.31
1:600	8.50	1.65	11.25	1.77	18.30	2.00	27.61	2.21
1:650	8.16	1.58	10.81	1.70	17.58	1.92	26.52	2.13
1:700	7.87	1.53	10.42	1.64	16.94	1.85	25.56	2.05
1:750	7.60	1.48	10.07	1.58	16.37	1.79	24.69	1.98
1:800	7.36	1.43	9.75	1.53	15.85	1.73	23.91	1.92
1:850	7.14	1.39	9.46	1.49	15.38	1.68	23.19	1.86
1:900	6.94	1.35	9.19	1.44	14.94	1.63	22.54	1.81
1:950	6.75	1.31	8.94	1.41	14.54	1.59	21.94	1.76
1:1000	6.58	1.28	8.72	1.37	14.18	1.55	21.38	1.71
1:1050	6.42	1.25	8.51	1.34	13.83	1.51	20.87	1.67
1:1100	6.28	1.22	8.31	1.31	13.52	1.48	20.39	1.64
1:1150	6.14	1.19	8.13	1.28	13.22	1.44	19.94	1.60
1:1200	6.01	1.17	7.96	1.25	12.94	1.41	19.52	1.57
1:1250	5.89	1.14	7.80	1.23	12.68	1.38	19.13	1.53
1:1300	5.77	1.12	7.65	1.20	12.43	1.36	18.76	1.50
1:1350	5.67	1.10	7.50	1.18	12.20	1.33	18.40	1.48
1:1400	5.56	1.08	7.37	1.16	11.98	1.31	18.07	1.45
1:1450	5.47	1.06	7.24	1.14	11.77	1.29	17.76	1.42
1:1500	5.37	1.04	7.12	1.12	11.57	1.26	17.46	1.40

(Continued)

Legend:
$Ø_{in}$ is the internal diameter of gravity sewer pipe

Note:
1. Pipe capacity data associated with velocity below 0.6m/s and above 4.0m/s are not shown.
2. This table uses Manning's roughness, n=0.012.
3. To determine the adequacy of storm sewer with other design rainfall intensity, I_{des} and/or runoff coefficient, C_{des}, adjust the design catchment area using equation:

$$A_{adj} = A_{des} \times \frac{I_{des}}{100} \times \frac{C_{des}}{1.0}$$

Table 4-4 Catchment area and velocity for storm sewer pipes with various gradients (V:H) under full flow using Manning equation (n=0.013) and Rational method (runoff coefficient 1.0 and rainfall intensity 100mm/hr)

$\varnothing_{in}$ (mm)	225		300		375		450	
Unit	ha	m/s	ha	m/s	ha	m/s	ha	m/s
1:100	0.16	1.13	0.35	1.37	0.63	1.59	1.03	1.79
1:150	0.13	0.92	0.28	1.12	0.52	1.30	0.84	1.46
1:200	0.11	0.80	0.25	0.97	0.45	1.12	0.73	1.27
1:250	0.10	0.71	0.22	0.87	0.40	1.00	0.65	1.13
1:300	0.09	0.65	0.20	0.79	0.36	0.92	0.59	1.03
1:350	0.09	0.60	0.19	0.73	0.34	0.85	0.55	0.96
1:400	-	-	0.17	0.68	0.32	0.79	0.51	0.90
1:450	-	-	0.16	0.64	0.30	0.75	0.48	0.85
1:500	-	-	0.16	0.61	0.28	0.71	0.46	0.80
1:550	-	-	-	-	0.27	0.68	0.44	0.76
1:600	-	-	-	-	0.26	0.65	0.42	0.73
1:650	-	-	-	-	0.25	0.62	0.40	0.70
1:700	-	-	-	-	0.24	0.60	0.39	0.68
1:750	-	-	-	-	-	-	0.37	0.65
1:800	-	-	-	-	-	-	0.36	0.63
1:850	-	-	-	-	-	-	0.35	0.61
1:900	-	-	-	-	-	-	-	-
1:950	-	-	-	-	-	-	-	-
1:1000	-	-	-	-	-	-	-	-
1:1050	-	-	-	-	-	-	-	-
1:1100	-	-	-	-	-	-	-	-
1:1150	-	-	-	-	-	-	-	-
1:1200	-	-	-	-	-	-	-	-
1:1250	-	-	-	-	-	-	-	-
1:1300	-	-	-	-	-	-	-	-
1:1350	-	-	-	-	-	-	-	-
1:1400	-	-	-	-	-	-	-	-
1:1450	-	-	-	-	-	-	-	-
1:1500	-	-	-	-	-	-	-	-

(Continued)
Legend:
$\varnothing_{in}$ is the internal diameter of gravity sewer pipe
Note:
1. Pipe capacity data associated with velocity below 0.6m/s and above 4.0m/s are not shown.
2. To determine the adequacy of storm sewer with other design rainfall intensity, I_{des} and/or runoff coefficient, C_{des}, adjust the design catchment area using equation:

$$A_{adj} = A_{des} \times \frac{I_{des}}{100} \times \frac{C_{des}}{1.0}$$

Table 4-4 (Continued)

$\varnothing_{in}$ (mm)	525		600		675		750	
Unit	ha	m/s	ha	m/s	ha	m/s	ha	m/s
1:100	1.55	1.99	2.21	2.17	3.03	2.35	4.01	2.52
1:150	1.26	1.62	1.80	1.77	2.47	1.92	3.27	2.06
1:200	1.09	1.40	1.56	1.54	2.14	1.66	2.83	1.78
1:250	0.98	1.26	1.40	1.37	1.91	1.49	2.53	1.59
1:300	0.89	1.15	1.28	1.25	1.75	1.36	2.31	1.45
1:350	0.83	1.06	1.18	1.16	1.62	1.26	2.14	1.35
1:400	0.77	0.99	1.11	1.09	1.51	1.17	2.00	1.26
1:450	0.73	0.94	1.04	1.02	1.43	1.11	1.89	1.19
1:500	0.69	0.89	0.99	0.97	1.35	1.05	1.79	1.13
1:550	0.66	0.85	0.94	0.93	1.29	1.00	1.71	1.07
1:600	0.63	0.81	0.90	0.89	1.24	0.96	1.64	1.03
1:650	0.61	0.78	0.87	0.85	1.19	0.92	1.57	0.99
1:700	0.59	0.75	0.84	0.82	1.14	0.89	1.51	0.95
1:750	0.57	0.73	0.81	0.79	1.10	0.86	1.46	0.92
1:800	0.55	0.70	0.78	0.77	1.07	0.83	1.42	0.89
1:850	0.53	0.68	0.76	0.74	1.04	0.81	1.37	0.86
1:900	0.52	0.66	0.74	0.72	1.01	0.78	1.34	0.84
1:950	0.50	0.64	0.72	0.70	0.98	0.76	1.30	0.82
1:1000	0.49	0.63	0.70	0.69	0.96	0.74	1.27	0.80
1:1050	0.48	0.61	0.68	0.67	0.93	0.72	1.24	0.78
1:1100	-	-	0.67	0.65	0.91	0.71	1.21	0.76
1:1150	-	-	0.65	0.64	0.89	0.69	1.18	0.74
1:1200	-	-	0.64	0.63	0.87	0.68	1.16	0.73
1:1250	-	-	0.63	0.61	0.86	0.66	1.13	0.71
1:1300	-	-	0.61	0.60	0.84	0.65	1.11	0.70
1:1350	-	-	-	-	0.82	0.64	1.09	0.69
1:1400	-	-	-	-	0.81	0.63	1.07	0.67
1:1450	-	-	-	-	0.79	0.62	1.05	0.66
1:1500	-	-	-	-	0.78	0.61	1.03	0.65

(Continued)

Legend:
$\varnothing_{in}$ is the internal diameter of gravity sewer pipe

Note:
1. Pipe capacity data associated with velocity below 0.6m/s and above 4.0m/s are not shown.
2. This table uses Manning's roughness, n=0.013.
3. To determine the adequacy of storm sewer with other design rainfall intensity, I_{des} and/or runoff coefficient, C_{des}, adjust the design catchment area using equation:

$$A_{adj} = A_{des} \times \frac{I_{des}}{100} \times \frac{C_{des}}{1.0}$$

Storm Sewer System | 123

Table 4-4 (Continued)

$\varnothing_{in}$ (mm)	825		900		1050		1200	
Unit	ha	m/s	ha	m/s	ha	m/s	ha	m/s
1:100	5.17	2.69	6.52	2.85	9.83	3.15	14.04	3.45
1:150	4.22	2.19	5.32	2.32	8.03	2.57	11.46	2.81
1:200	3.65	1.90	4.61	2.01	6.95	2.23	9.92	2.44
1:250	3.27	1.70	4.12	1.80	6.22	1.99	8.88	2.18
1:300	2.98	1.55	3.76	1.64	5.68	1.82	8.10	1.99
1:350	2.76	1.44	3.48	1.52	5.25	1.69	7.50	1.84
1:400	2.58	1.34	3.26	1.42	4.92	1.58	7.02	1.72
1:450	2.44	1.27	3.07	1.34	4.63	1.49	6.62	1.63
1:500	2.31	1.20	2.91	1.27	4.40	1.41	6.28	1.54
1:550	2.20	1.14	2.78	1.21	4.19	1.34	5.98	1.47
1:600	2.11	1.10	2.66	1.16	4.01	1.29	5.73	1.41
1:650	2.03	1.05	2.56	1.12	3.86	1.24	5.51	1.35
1:700	1.95	1.01	2.46	1.08	3.72	1.19	5.30	1.30
1:750	1.89	0.98	2.38	1.04	3.59	1.15	5.13	1.26
1:800	1.83	0.95	2.30	1.01	3.48	1.11	4.96	1.22
1:850	1.77	0.92	2.24	0.98	3.37	1.08	4.81	1.18
1:900	1.72	0.90	2.17	0.95	3.28	1.05	4.68	1.15
1:950	1.68	0.87	2.11	0.92	3.19	1.02	4.55	1.12
1:1000	1.63	0.85	2.06	0.90	3.11	1.00	4.44	1.09
1:1050	1.59	0.83	2.01	0.88	3.03	0.97	4.33	1.06
1:1100	1.56	0.81	1.96	0.86	2.96	0.95	4.23	1.04
1:1150	1.52	0.79	1.92	0.84	2.90	0.93	4.14	1.02
1:1200	1.49	0.78	1.88	0.82	2.84	0.91	4.05	1.00
1:1250	1.46	0.76	1.84	0.80	2.78	0.89	3.97	0.98
1:1300	1.43	0.74	1.81	0.79	2.73	0.87	3.89	0.96
1:1350	1.41	0.73	1.77	0.77	2.68	0.86	3.82	0.94
1:1400	1.38	0.72	1.74	0.76	2.63	0.84	3.75	0.92
1:1450	1.36	0.71	1.71	0.75	2.58	0.83	3.69	0.91
1:1500	1.33	0.69	1.68	0.73	2.54	0.81	3.62	0.89

(Continued)

Legend:
$\varnothing_{in}$ is the internal diameter of gravity sewer pipe

Note:
1. Pipe capacity data associated with velocity below 0.6m/s and above 4.0m/s are not shown.
2. This table uses Manning's roughness, n=0.013.
3. To determine the adequacy of storm sewer with other design rainfall intensity, I_{des} and/or runoff coefficient, C_{des}, adjust the design catchment area using equation:

$$A_{adj} = A_{des} \times \frac{I_{des}}{100} \times \frac{C_{des}}{1.0}$$

124 | Formulation and Design Data for Civil Engineering

Table 4-4 (Continued)

$\emptyset_{in}$ (mm)	1350		1500		1800		2100	
Unit	ha	m/s	ha	m/s	ha	m/s	ha	m/s
1:100	19.21	3.73	-	-	-	-	-	-
1:150	15.69	3.04	20.78	3.27	33.79	3.69	-	-
1:200	13.59	2.64	17.99	2.83	29.26	3.19	44.14	3.54
1:250	12.15	2.36	16.09	2.53	26.17	2.86	39.48	3.17
1:300	11.09	2.15	14.69	2.31	23.89	2.61	36.04	2.89
1:350	10.27	1.99	13.60	2.14	22.12	2.41	33.37	2.68
1:400	9.61	1.86	12.72	2.00	20.69	2.26	31.21	2.50
1:450	9.06	1.76	12.00	1.89	19.51	2.13	29.43	2.36
1:500	8.59	1.67	11.38	1.79	18.51	2.02	27.92	2.24
1:550	8.19	1.59	10.85	1.71	17.64	1.93	26.62	2.13
1:600	7.84	1.52	10.39	1.63	16.89	1.84	25.48	2.04
1:650	7.54	1.46	9.98	1.57	16.23	1.77	24.48	1.96
1:700	7.26	1.41	9.62	1.51	15.64	1.71	23.59	1.89
1:750	7.02	1.36	9.29	1.46	15.11	1.65	22.79	1.83
1:800	6.79	1.32	9.00	1.41	14.63	1.60	22.07	1.77
1:850	6.59	1.28	8.73	1.37	14.19	1.55	21.41	1.72
1:900	6.40	1.24	8.48	1.33	13.79	1.51	20.81	1.67
1:950	6.23	1.21	8.26	1.30	13.43	1.47	20.25	1.62
1:1000	6.08	1.18	8.05	1.26	13.09	1.43	19.74	1.58
1:1050	5.93	1.15	7.85	1.23	12.77	1.39	19.26	1.54
1:1100	5.79	1.12	7.67	1.21	12.48	1.36	18.82	1.51
1:1150	5.67	1.10	7.50	1.18	12.20	1.33	18.41	1.48
1:1200	5.55	1.08	7.35	1.15	11.95	1.30	18.02	1.45
1:1250	5.43	1.05	7.20	1.13	11.70	1.28	17.66	1.42
1:1300	5.33	1.03	7.06	1.11	11.48	1.25	17.31	1.39
1:1350	5.23	1.01	6.93	1.09	11.26	1.23	16.99	1.36
1:1400	5.14	1.00	6.80	1.07	11.06	1.21	16.68	1.34
1:1450	5.05	0.98	6.68	1.05	10.87	1.19	16.39	1.31
1:1500	4.96	0.96	6.57	1.03	10.68	1.17	16.12	1.29

(Continued)
Legend:
$\emptyset_{in}$ is the internal diameter of gravity sewer pipe
Note:
1. Pipe capacity data associated with velocity below 0.6m/s and above 4.0m/s are not shown.
2. This table uses Manning's roughness, n=0.013.
3. To determine the adequacy of storm sewer with other design rainfall intensity, I_{des} and/or runoff coefficient, C_{des}, adjust the design catchment area using equation:

$$A_{adj} = A_{des} \times \frac{I_{des}}{100} \times \frac{C_{des}}{1.0}$$

Table 4-5 Catchment area and velocity for storm sewer pipes with various gradients (V:H) under full flow using Manning equation (n=0.014) and Rational method (runoff coefficient 1.0 and rainfall intensity 100mm/hr)

$Ø_{in}$ (mm)	225		300		375		450	
Unit	ha	m/s	ha	m/s	ha	m/s	ha	m/s
1:100	0.15	1.05	0.32	1.27	0.59	1.47	0.95	1.66
1:150	0.12	0.86	0.26	1.04	0.48	1.20	0.78	1.36
1:200	0.11	0.74	0.23	0.90	0.41	1.04	0.67	1.18
1:250	0.09	0.66	0.20	0.80	0.37	0.93	0.60	1.05
1:300	0.09	0.61	0.19	0.73	0.34	0.85	0.55	0.96
1:350	-	-	0.17	0.68	0.31	0.79	0.51	0.89
1:400	-	-	0.16	0.64	0.29	0.74	0.48	0.83
1:450	-	-	-	-	0.28	0.69	0.45	0.78
1:500	-	-	-	-	0.26	0.66	0.43	0.74
1:550	-	-	-	-	0.25	0.63	0.41	0.71
1:600	-	-	-	-	0.24	0.60	0.39	0.68
1:650	-	-	-	-	-	-	0.37	0.65
1:700	-	-	-	-	-	-	0.36	0.63
1:750	-	-	-	-	-	-	0.35	0.61
1:800	-	-	-	-	-	-	-	-
1:850	-	-	-	-	-	-	-	-
1:900	-	-	-	-	-	-	-	-
1:950	-	-	-	-	-	-	-	-
1:1000	-	-	-	-	-	-	-	-
1:1050	-	-	-	-	-	-	-	-
1:1100	-	-	-	-	-	-	-	-
1:1150	-	-	-	-	-	-	-	-
1:1200	-	-	-	-	-	-	-	-
1:1250	-	-	-	-	-	-	-	-
1:1300	-	-	-	-	-	-	-	-
1:1350	-	-	-	-	-	-	-	-
1:1400	-	-	-	-	-	-	-	-
1:1450	-	-	-	-	-	-	-	-
1:1500	-	-	-	-	-	-	-	-

(Continued)

Legend:
$Ø_{in}$ is the internal diameter of gravity sewer pipe

Note:
1. Pipe capacity data associated with velocity below 0.6m/s and above 4.0m/s are not shown.
2. To determine the adequacy of storm sewer with other design rainfall intensity, I_{des} and/or runoff coefficient, C_{des}, adjust the design catchment area using equation:

$$A_{adj} = A_{des} \times \frac{I_{des}}{100} \times \frac{C_{des}}{1.0}$$

Table 4-5 (Continued)

$\varnothing_{in}$ (mm)	525		600		675		750	
Unit	ha	m/s	ha	m/s	ha	m/s	ha	m/s
1:100	1.44	1.84	2.05	2.02	2.81	2.18	3.72	2.34
1:150	1.17	1.51	1.68	1.65	2.29	1.78	3.04	1.91
1:200	1.02	1.30	1.45	1.43	1.99	1.54	2.63	1.65
1:250	0.91	1.17	1.30	1.28	1.78	1.38	2.35	1.48
1:300	0.83	1.07	1.19	1.16	1.62	1.26	2.15	1.35
1:350	0.77	0.99	1.10	1.08	1.50	1.17	1.99	1.25
1:400	0.72	0.92	1.03	1.01	1.40	1.09	1.86	1.17
1:450	0.68	0.87	0.97	0.95	1.32	1.03	1.75	1.10
1:500	0.64	0.82	0.92	0.90	1.26	0.98	1.66	1.05
1:550	0.61	0.79	0.88	0.86	1.20	0.93	1.59	1.00
1:600	0.59	0.75	0.84	0.82	1.15	0.89	1.52	0.96
1:650	0.56	0.72	0.81	0.79	1.10	0.86	1.46	0.92
1:700	0.54	0.70	0.78	0.76	1.06	0.82	1.41	0.88
1:750	0.52	0.67	0.75	0.74	1.03	0.80	1.36	0.85
1:800	0.51	0.65	0.73	0.71	0.99	0.77	1.32	0.83
1:850	0.49	0.63	0.70	0.69	0.96	0.75	1.28	0.80
1:900	0.48	0.61	0.68	0.67	0.94	0.73	1.24	0.78
1:950	-	-	0.67	0.65	0.91	0.71	1.21	0.76
1:1000	-	-	0.65	0.64	0.89	0.69	1.18	0.74
1:1050	-	-	0.63	0.62	0.87	0.67	1.15	0.72
1:1100	-	-	0.62	0.61	0.85	0.66	1.12	0.71
1:1150	-	-	-	-	0.83	0.64	1.10	0.69
1:1200	-	-	-	-	0.81	0.63	1.07	0.68
1:1250	-	-	-	-	0.79	0.62	1.05	0.66
1:1300	-	-	-	-	0.78	0.60	1.03	0.65
1:1350	-	-	-	-	-	-	1.01	0.64
1:1400	-	-	-	-	-	-	0.99	0.63
1:1450	-	-	-	-	-	-	0.98	0.61
1:1500	-	-	-	-	-	-	0.96	0.60

(Continued)

Legend:
$\varnothing_{in}$ is the internal diameter of gravity sewer pipe

Note:
1. Pipe capacity data associated with velocity below 0.6m/s and above 4.0m/s are not shown.
2. This table uses Manning's roughness, n=0.014.
3. To determine the adequacy of storm sewer with other design rainfall intensity, I_{des} and/or runoff coefficient, C_{des}, adjust the design catchment area using equation:

$$A_{adj} = A_{des} \times \frac{I_{des}}{100} \times \frac{C_{des}}{1.0}$$

Table 4-5 (Continued)

Ø$_{in}$ (mm)	825		900		1050		1200	
Unit	ha	m/s	ha	m/s	ha	m/s	ha	m/s
1:100	4.80	2.49	6.05	2.64	9.13	2.93	13.03	3.20
1:150	3.92	2.04	4.94	2.16	7.45	2.39	10.64	2.61
1:200	3.39	1.76	4.28	1.87	6.45	2.07	9.22	2.26
1:250	3.03	1.58	3.83	1.67	5.77	1.85	8.24	2.02
1:300	2.77	1.44	3.49	1.53	5.27	1.69	7.52	1.85
1:350	2.56	1.33	3.23	1.41	4.88	1.57	6.97	1.71
1:400	2.40	1.25	3.03	1.32	4.56	1.46	6.52	1.60
1:450	2.26	1.18	2.85	1.25	4.30	1.38	6.14	1.51
1:500	2.15	1.12	2.71	1.18	4.08	1.31	5.83	1.43
1:550	2.05	1.06	2.58	1.13	3.89	1.25	5.56	1.36
1:600	1.96	1.02	2.47	1.08	3.73	1.20	5.32	1.31
1:650	1.88	0.98	2.37	1.04	3.58	1.15	5.11	1.26
1:700	1.81	0.94	2.29	1.00	3.45	1.11	4.93	1.21
1:750	1.75	0.91	2.21	0.96	3.33	1.07	4.76	1.17
1:800	1.70	0.88	2.14	0.93	3.23	1.04	4.61	1.13
1:850	1.65	0.86	2.08	0.91	3.13	1.00	4.47	1.10
1:900	1.60	0.83	2.02	0.88	3.04	0.98	4.34	1.07
1:950	1.56	0.81	1.96	0.86	2.96	0.95	4.23	1.04
1:1000	1.52	0.79	1.91	0.84	2.89	0.93	4.12	1.01
1:1050	1.48	0.77	1.87	0.82	2.82	0.90	4.02	0.99
1:1100	1.45	0.75	1.82	0.80	2.75	0.88	3.93	0.97
1:1150	1.41	0.74	1.78	0.78	2.69	0.86	3.84	0.94
1:1200	1.39	0.72	1.75	0.76	2.64	0.85	3.76	0.92
1:1250	1.36	0.71	1.71	0.75	2.58	0.83	3.69	0.91
1:1300	1.33	0.69	1.68	0.73	2.53	0.81	3.61	0.89
1:1350	1.31	0.68	1.65	0.72	2.48	0.80	3.55	0.87
1:1400	1.28	0.67	1.62	0.71	2.44	0.78	3.48	0.86
1:1450	1.26	0.65	1.59	0.69	2.40	0.77	3.42	0.84
1:1500	1.24	0.64	1.56	0.68	2.36	0.76	3.37	0.83

(Continued)

Legend:

Ø$_{in}$ is the internal diameter of gravity sewer pipe

Note:
1. Pipe capacity data associated with velocity below 0.6m/s and above 4.0m/s are not shown.
2. This table uses Manning's roughness, n=0.014.
3. To determine the adequacy of storm sewer with other design rainfall intensity, I_{des} and/or runoff coefficient, C_{des}, adjust the design catchment area using equation:

$$A_{adj} = A_{des} \times \frac{I_{des}}{100} \times \frac{C_{des}}{1.0}$$

Formulation and Design Data for Civil Engineering

Table 4-5 (Continued)

$\varnothing_{in}$ (mm)	1350		1500		1800		2100	
Unit	ha	m/s	ha	m/s	ha	m/s	ha	m/s
1:100	17.84	3.46	23.63	3.71	-	-	-	-
1:150	14.57	2.83	19.29	3.03	31.37	3.42	47.33	3.80
1:200	12.62	2.45	16.71	2.63	27.17	2.97	40.99	3.29
1:250	11.28	2.19	14.95	2.35	24.30	2.65	36.66	2.94
1:300	10.30	2.00	13.64	2.14	22.18	2.42	33.46	2.68
1:350	9.54	1.85	12.63	1.99	20.54	2.24	30.98	2.48
1:400	8.92	1.73	11.82	1.86	19.21	2.10	28.98	2.32
1:450	8.41	1.63	11.14	1.75	18.11	1.98	27.32	2.19
1:500	7.98	1.55	10.57	1.66	17.18	1.88	25.92	2.08
1:550	7.61	1.48	10.08	1.58	16.38	1.79	24.72	1.98
1:600	7.28	1.41	9.65	1.52	15.69	1.71	23.66	1.90
1:650	7.00	1.36	9.27	1.46	15.07	1.65	22.73	1.82
1:700	6.74	1.31	8.93	1.40	14.52	1.59	21.91	1.76
1:750	6.52	1.26	8.63	1.36	14.03	1.53	21.16	1.70
1:800	6.31	1.22	8.35	1.31	13.59	1.48	20.49	1.64
1:850	6.12	1.19	8.11	1.27	13.18	1.44	19.88	1.59
1:900	5.95	1.15	7.88	1.24	12.81	1.40	19.32	1.55
1:950	5.79	1.12	7.67	1.21	12.47	1.36	18.81	1.51
1:1000	5.64	1.09	7.47	1.17	12.15	1.33	18.33	1.47
1:1050	5.51	1.07	7.29	1.15	11.86	1.29	17.89	1.43
1:1100	5.38	1.04	7.12	1.12	11.59	1.26	17.48	1.40
1:1150	5.26	1.02	6.97	1.10	11.33	1.24	17.09	1.37
1:1200	5.15	1.00	6.82	1.07	11.09	1.21	16.73	1.34
1:1250	5.05	0.98	6.68	1.05	10.87	1.19	16.39	1.31
1:1300	4.95	0.96	6.55	1.03	10.66	1.16	16.08	1.29
1:1350	4.86	0.94	6.43	1.01	10.46	1.14	15.78	1.27
1:1400	4.77	0.93	6.32	0.99	10.27	1.12	15.49	1.24
1:1450	4.69	0.91	6.21	0.98	10.09	1.10	15.22	1.22
1:1500	4.61	0.89	6.10	0.96	9.92	1.08	14.97	1.20

(Continued)

Legend:
$\varnothing_{in}$ is the internal diameter of gravity sewer pipe

Note:
1. Pipe capacity data associated with velocity below 0.6m/s and above 4.0m/s are not shown.
2. This table uses Manning's roughness, n=0.014.
3. To determine the adequacy of storm sewer with other design rainfall intensity, I_{des} and/or runoff coefficient, C_{des}, adjust the design catchment area using equation:

$$A_{adj} = A_{des} \times \frac{I_{des}}{100} \times \frac{C_{des}}{1.0}$$

Table 4-6 Catchment area and velocity for storm sewer pipes with various gradients (V:H) under full flow using Manning equation (n=0.015) and Rational method (runoff coefficient 1.0 and rainfall intensity 100mm/hr)

$Ø_{in}$ (mm)	225		300		375		450	
Unit	ha	m/s	ha	m/s	ha	m/s	ha	m/s
1:100	0.14	0.98	0.30	1.19	0.55	1.38	0.89	1.55
1:150	0.11	0.80	0.25	0.97	0.45	1.12	0.73	1.27
1:200	0.10	0.69	0.21	0.84	0.39	0.97	0.63	1.10
1:250	0.09	0.62	0.19	0.75	0.35	0.87	0.56	0.98
1:300	-	-	0.17	0.68	0.32	0.79	0.51	0.90
1:350	-	-	0.16	0.63	0.29	0.74	0.48	0.83
1:400	-	-	-	-	0.27	0.69	0.44	0.78
1:450	-	-	-	-	0.26	0.65	0.42	0.73
1:500	-	-	-	-	0.24	0.62	0.40	0.69
1:550	-	-	-	-	-	-	0.38	0.66
1:600	-	-	-	-	-	-	0.36	0.63
1:650	-	-	-	-	-	-	0.35	0.61
1:700	-	-	-	-	-	-	-	-
1:750	-	-	-	-	-	-	-	-
1:800	-	-	-	-	-	-	-	-
1:850	-	-	-	-	-	-	-	-
1:900	-	-	-	-	-	-	-	-
1:950	-	-	-	-	-	-	-	-
1:1000	-	-	-	-	-	-	-	-
1:1050	-	-	-	-	-	-	-	-
1:1100	-	-	-	-	-	-	-	-
1:1150	-	-	-	-	-	-	-	-
1:1200	-	-	-	-	-	-	-	-
1:1250	-	-	-	-	-	-	-	-
1:1300	-	-	-	-	-	-	-	-
1:1350	-	-	-	-	-	-	-	-
1:1400	-	-	-	-	-	-	-	-
1:1450	-	-	-	-	-	-	-	-
1:1500	-	-	-	-	-	-	-	-

(Continued)
Legend:
$Ø_{in}$ is the internal diameter of gravity sewer pipe
Note:
1. Pipe capacity data associated with velocity below 0.6m/s and above 4.0m/s are not shown.
2. To determine the adequacy of storm sewer with other design rainfall intensity, I_{des} and/or runoff coefficient, C_{des}, adjust the design catchment area using equation:

$$A_{adj} = A_{des} \times \frac{I_{des}}{100} \times \frac{C_{des}}{1.0}$$

Table 4-6 (Continued)

$\varnothing_{in}$ (mm)	525		600		675		750	
Unit	ha	m/s	ha	m/s	ha	m/s	ha	m/s
1:100	1.34	1.72	1.92	1.88	2.62	2.04	3.47	2.18
1:150	1.10	1.41	1.56	1.54	2.14	1.66	2.84	1.78
1:200	0.95	1.22	1.35	1.33	1.85	1.44	2.46	1.54
1:250	0.85	1.09	1.21	1.19	1.66	1.29	2.20	1.38
1:300	0.77	0.99	1.11	1.09	1.51	1.18	2.01	1.26
1:350	0.72	0.92	1.02	1.01	1.40	1.09	1.86	1.17
1:400	0.67	0.86	0.96	0.94	1.31	1.02	1.74	1.09
1:450	0.63	0.81	0.90	0.89	1.24	0.96	1.64	1.03
1:500	0.60	0.77	0.86	0.84	1.17	0.91	1.55	0.98
1:550	0.57	0.73	0.82	0.80	1.12	0.87	1.48	0.93
1:600	0.55	0.70	0.78	0.77	1.07	0.83	1.42	0.89
1:650	0.53	0.68	0.75	0.74	1.03	0.80	1.36	0.86
1:700	0.51	0.65	0.72	0.71	0.99	0.77	1.31	0.83
1:750	0.49	0.63	0.70	0.69	0.96	0.74	1.27	0.80
1:800	0.47	0.61	0.68	0.67	0.93	0.72	1.23	0.77
1:850	-	-	0.66	0.65	0.90	0.70	1.19	0.75
1:900	-	-	0.64	0.63	0.87	0.68	1.16	0.73
1:950	-	-	0.62	0.61	0.85	0.66	1.13	0.71
1:1000	-	-	-	-	0.83	0.64	1.10	0.69
1:1050	-	-	-	-	0.81	0.63	1.07	0.67
1:1100	-	-	-	-	0.79	0.61	1.05	0.66
1:1150	-	-	-	-	0.77	0.60	1.02	0.64
1:1200	-	-	-	-	-	-	1.00	0.63
1:1250	-	-	-	-	-	-	0.98	0.62
1:1300	-	-	-	-	-	-	0.96	0.61
1:1350	-	-	-	-	-	-	-	-
1:1400	-	-	-	-	-	-	-	-
1:1450	-	-	-	-	-	-	-	-
1:1500	-	-	-	-	-	-	-	-

(Continued)

Legend:

$\varnothing_{in}$ is the internal diameter of gravity sewer pipe

Note:
1. Pipe capacity data associated with velocity below 0.6m/s and above 4.0m/s are not shown.
2. This table uses Manning's roughness, n=0.015.
3. To determine the adequacy of storm sewer with other design rainfall intensity, I_{des} and/or runoff coefficient, C_{des}, adjust the design catchment area using equation:

$$A_{adj} = A_{des} \times \frac{I_{des}}{100} \times \frac{C_{des}}{1.0}$$

Table 4-6 (Continued)

Ø$_{in}$ (mm) Unit	825 ha	825 m/s	900 ha	900 m/s	1050 ha	1050 m/s	1200 ha	1200 m/s
1:100	4.48	2.33	5.65	2.47	8.52	2.73	12.16	2.99
1:150	3.66	1.90	4.61	2.01	6.96	2.23	9.93	2.44
1:200	3.17	1.65	3.99	1.74	6.02	1.93	8.60	2.11
1:250	2.83	1.47	3.57	1.56	5.39	1.73	7.69	1.89
1:300	2.59	1.34	3.26	1.42	4.92	1.58	7.02	1.72
1:350	2.39	1.24	3.02	1.32	4.55	1.46	6.50	1.60
1:400	2.24	1.16	2.82	1.23	4.26	1.37	6.08	1.49
1:450	2.11	1.10	2.66	1.16	4.02	1.29	5.73	1.41
1:500	2.00	1.04	2.53	1.10	3.81	1.22	5.44	1.34
1:550	1.91	0.99	2.41	1.05	3.63	1.17	5.19	1.27
1:600	1.83	0.95	2.31	1.01	3.48	1.12	4.97	1.22
1:650	1.76	0.91	2.22	0.97	3.34	1.07	4.77	1.17
1:700	1.69	0.88	2.13	0.93	3.22	1.03	4.60	1.13
1:750	1.64	0.85	2.06	0.90	3.11	1.00	4.44	1.09
1:800	1.58	0.82	2.00	0.87	3.01	0.97	4.30	1.06
1:850	1.54	0.80	1.94	0.85	2.92	0.94	4.17	1.02
1:900	1.49	0.78	1.88	0.82	2.84	0.91	4.05	1.00
1:950	1.45	0.76	1.83	0.80	2.76	0.89	3.95	0.97
1:1000	1.42	0.74	1.79	0.78	2.69	0.86	3.85	0.94
1:1050	1.38	0.72	1.74	0.76	2.63	0.84	3.75	0.92
1:1100	1.35	0.70	1.70	0.74	2.57	0.82	3.67	0.90
1:1150	1.32	0.69	1.67	0.73	2.51	0.81	3.59	0.88
1:1200	1.29	0.67	1.63	0.71	2.46	0.79	3.51	0.86
1:1250	1.27	0.66	1.60	0.70	2.41	0.77	3.44	0.85
1:1300	1.24	0.65	1.57	0.68	2.36	0.76	3.37	0.83
1:1350	1.22	0.63	1.54	0.67	2.32	0.74	3.31	0.81
1:1400	1.20	0.62	1.51	0.66	2.28	0.73	3.25	0.80
1:1450	1.18	0.61	1.48	0.65	2.24	0.72	3.19	0.78
1:1500	1.16	0.60	1.46	0.64	2.20	0.71	3.14	0.77

(Continued)

Legend:

Ø$_{in}$ is the internal diameter of gravity sewer pipe

Note:
1. Pipe capacity data associated with velocity below 0.6m/s and above 4.0m/s are not shown.
2. This table uses Manning's roughness, n=0.015.
3. To determine the adequacy of storm sewer with other design rainfall intensity, I_{des} and/or runoff coefficient, C_{des}, adjust the design catchment area using equation:

$$A_{adj} = A_{des} \times \frac{I_{des}}{100} \times \frac{C_{des}}{1.0}$$

132 | Formulation and Design Data for Civil Engineering

Table 4-6 (Continued)

$\varnothing_{in}$ (mm)	1350		1500		1800		2100	
Unit	ha	m/s	ha	m/s	ha	m/s	ha	m/s
1:100	16.65	3.23	22.05	3.47	35.86	3.91	-	-
1:150	13.60	2.64	18.01	2.83	29.28	3.20	44.17	3.54
1:200	11.78	2.29	15.60	2.45	25.36	2.77	38.25	3.07
1:250	10.53	2.04	13.95	2.19	22.68	2.48	34.21	2.74
1:300	9.61	1.87	12.73	2.00	20.71	2.26	31.23	2.50
1:350	8.90	1.73	11.79	1.85	19.17	2.09	28.92	2.32
1:400	8.33	1.62	11.03	1.73	17.93	1.96	27.05	2.17
1:450	7.85	1.52	10.40	1.63	16.91	1.85	25.50	2.05
1:500	7.45	1.45	9.86	1.55	16.04	1.75	24.19	1.94
1:550	7.10	1.38	9.40	1.48	15.29	1.67	23.07	1.85
1:600	6.80	1.32	9.00	1.42	14.64	1.60	22.09	1.77
1:650	6.53	1.27	8.65	1.36	14.07	1.54	21.22	1.70
1:700	6.29	1.22	8.34	1.31	13.56	1.48	20.45	1.64
1:750	6.08	1.18	8.05	1.27	13.10	1.43	19.75	1.58
1:800	5.89	1.14	7.80	1.23	12.68	1.38	19.13	1.53
1:850	5.71	1.11	7.56	1.19	12.30	1.34	18.56	1.49
1:900	5.55	1.08	7.35	1.16	11.95	1.30	18.03	1.45
1:950	5.40	1.05	7.16	1.12	11.64	1.27	17.55	1.41
1:1000	5.27	1.02	6.97	1.10	11.34	1.24	17.11	1.37
1:1050	5.14	1.00	6.81	1.07	11.07	1.21	16.69	1.34
1:1100	5.02	0.97	6.65	1.05	10.81	1.18	16.31	1.31
1:1150	4.91	0.95	6.50	1.02	10.58	1.15	15.95	1.28
1:1200	4.81	0.93	6.37	1.00	10.35	1.13	15.62	1.25
1:1250	4.71	0.91	6.24	0.98	10.14	1.11	15.30	1.23
1:1300	4.62	0.90	6.12	0.96	9.95	1.09	15.00	1.20
1:1350	4.53	0.88	6.00	0.94	9.76	1.07	14.72	1.18
1:1400	4.45	0.86	5.89	0.93	9.58	1.05	14.46	1.16
1:1450	4.37	0.85	5.79	0.91	9.42	1.03	14.21	1.14
1:1500	4.30	0.83	5.69	0.90	9.26	1.01	13.97	1.12

(Continued)

Legend:
$\varnothing_{in}$ is the internal diameter of gravity sewer pipe

Note:
1. Pipe capacity data associated with velocity below 0.6m/s and above 4.0m/s are not shown.
2. This table uses Manning's roughness, n=0.015.
3. To determine the adequacy of storm sewer with other design rainfall intensity, I_{des} and/or runoff coefficient, C_{des}, adjust the design catchment area using equation:

$$A_{adj} = A_{des} \times \frac{I_{des}}{100} \times \frac{C_{des}}{1.0}$$

Notes

www.ingramcontent.com/pod-product-compliance
Lightning Source LLC
Chambersburg PA
CBHW050007230526
45465CB00003BB/1304